最初からそう教えて
くれればいいのに！

Google
Apps Script
× ChatGPTの
ツボとコツが
ゼッタイにわかる本

永妻寛哲 ● 著

秀和システム

はじめに

. . . .

　本書を手に取っていただきありがとうございます。

　本書はプログラミングが初めての方でも挫折せずにChatGPTでGoogle Apps Script（GAS）を書ける本として企画し執筆しました。無料で簡単なGoogle Apps Scriptと、日本語で指示するだけでコードを書けるChatGPTは、プログラミング初心者が仕事を効率化・自動化するための最強の組み合わせです。

　本書では、ChatGPTで実践的なコードを書く方法を中心として、OpenAIのアカウント作成方法からGoogle Apps Scriptの基本、さらなるステップアップとしてOpenAIの提供する3つのAPIの活用サンプルまでを、初めてでもわかりやすいかたちで一冊にまとめました。

　第1章では、Google Apps Scriptの基本を説明します。Google Apps Scriptの画面や機能の使い方説明のほか、実際に簡単なコードを作成し実行します。

　第2章では、JavaScriptの基本を説明します。Google Apps Scriptを利用するための最低限の知識に絞った内容ですが、すべてを一気に理解するのは難しいですので、さらっと読んでみて、困ったときに復習するような使い方でも大丈夫です。なお、拙著「Google Apps Scriptのツボとコツがゼッタイにわかる本」を既に読まれた方も復習になりますので、読み飛ばして構いません。

　第3章では、いよいよChatGPTにコードを書かせます。Gmail、カレンダー、スプレッドシートといったGoogleアプリケーションを題材に、Slackの連携にも挑戦します。プロンプトの書き方、エラーが出たときの対処法などAIとうまく付き合うコツを実践的に学びましょう。

　第4章では、ChatGPTのほか、OpenAI社が提供する文字起こしAI（Whisper）、画像生成AI（DALL-E）のAPIを利用したGoogle Apps Scriptを紹介します。フォームを送信すると**ガクチカ**を自動生成するサービス、音声ファイルを入れたら

文字起こしするGoogleドライブ、2クリックで**挿絵を生成**するGoogleスライドをつくりましょう。

　なお、いきなりコードを実行するのが怖いという方は、まず本書を眺めるだけでも大丈夫です。一つひとつ画面を紹介していますので、実際に使っているような感覚をつかめます。

　感覚がつかめたら、ぜひ実際に触ってGoogle Apps Scriptの手軽さを体感してください。本書を1周するだけではわからないことだらけかもしれません。それでも2周、3周…と繰り返し手を動かす度に理解が進み、体が慣れて、技術が身についていくはずです。

　そして仕事でGoogle Apps Scriptを活用していただき、最終的にChatGPTで思いどおりのコードをつくれるようになっていただければ幸いです。

　ChatGPTを使いこなせば、プログラミングの参考書が不要になる未来もあるかも知れませんが、本書はこれからプログラミングを始める方にとって、最初で最後の参考書になるつもりで執筆しています。

　ChatGPTの登場によってプログラミングのハードルが一気に下がったこのチャンスに、無料で簡単なGoogle Apps Scriptからプログラミングを始めましょう。

　本書の情報および画面イメージは2024年1月時点のものです。Google Apps ScriptおよびGoogleの各サービス、ChatGPTのアップデートにより仕様が変更となることがあります。最新情報については著者ブログ、note、YouTubeなどでも情発信し、読者サポートを行っていく予定です。

　なお、Google Apps ScriptおよびChatGPTブラウザ版は無料での利用が可能ですが、第4章で紹介するChatGPT API、Whisper API、DALL-E APIは使用量に応じた料金がかかります（但し、初回登録時に無料で使えるクレジット付与あり）。予めご承知おきください。料金の詳細については各節にて説明しています。

本書の環境

本書の情報および画面イメージは2024年1月時点のものです。
本書では、以下の環境で動作確認を行っています。

Windows 11 および macOS Sonoma 14.1.2
Google Chrome 120.0

本書の読み方

本書で紹介したサンプルコードはインターネットでダウンロードすることができます。次のURLからダウンロードしてご利用ください。

https://life89.jp/gas-gpt/

コードのダウンロードページは秀和システムのホームページにある本書のサポートページからもリンクされています。

秀和システム　本書サポートページ

https://www.shuwasystem.co.jp/support/7980html/7131.html

ファイルはZIP形式で圧縮されていますのでダウンロードしたら解凍してください。
※解凍時にパスワードを求められた場合は「gastsubo」と入力してください。

解凍すると、本書の各章ごとのフォルダにテキストファイルが格納されています。
使用するときは、該当のテキストファイルをお使いのテキストエディタで開いて全体をコピーし、Google Apps Scriptのスクリプトエディタの入力欄に貼り付けをしてください。

なお、本書内の記述に誤りが見つかった場合の正誤表など、本書読者向けにサポート情報を発信していく予定です。次のURLをご確認ください。

https://life89.jp/gas-gpt/

本書およびサンプルスクリプトの利用により不具合や損害が生じた場合、著者および株式会社秀和システムは一切責任を負うことができません。あらかじめご了承の上、ご利用ください。

最初からそう教えてくれればいいのに！

Google Apps Script × ChatGPTのツボとコツが ゼッタイにわかる本

Contents

第3章　ChatGPTでコードを書こう

Column 目次

第 **1** 章

Google Apps Scriptの基本

本章では、最短でGoogle Apps Scriptを活用できるようにな
るために、最低限必要な基礎知識と使い方をまとめました。一緒
に手を動かしながら最初の一歩を踏み出しましょう。

1-1 Google Apps Script とは何か

Google 提供のローコードプラットフォーム

Google Apps Scriptは、Google社が提供しているプログラミング言語です。頭文字をとってGAS（ガス）とも呼ばれます。

GoogleのApps Scriptの説明ではこのように書かれています。

> Apps Scriptは、Google Workspace の統合、自動化、拡張のためのビジネス ソリューションをすばやく簡単に構築するための唯一のローコード プラットフォームです。
>
> 出典：https://workspace.google.co.jp/intl/ja/products/apps-script/

既にGmailやGoogle カレンダー、Google ドライブ、Google スプレッドシートなどを使っている方も多いと思います。このようなビジネスで使用するアプリケーションをより便利にしたり、自動化したりできるのがGoogle Apps Scriptです。

なお、**ローコード（Low-Code）**というのは、少ないコードで開発できる開発手法です。似たような言葉に**ノーコード（No-Code）**がありますが、こちらはコードを一切書かない開発手法です。

ローコードは、ノーコードと比較すると、多少のプログラミング知識は必要になりますが、ノーコードよりもカスタマイズ性や拡張性が高いというメリットがあります。

Google 以外の外部サービスでも連携できる

「そうはいっても、Googleのサービスは使っていないんだよなぁ」という方もいらっしゃると思います。そんな場合でもGoogle Apps Scriptが役に立つことがあるかもしれません。というのも、Google Apps Scriptが扱えるのはGoogleのアプリケーションだけではないのです。Google以外の外部のWebサービスと連携して、活用することが可能です（図1）。

最近では多くのクラウドサービスがWeb APIを公開しています。このWeb APIを使って、Slack、Chatwork、Salesforce、kintoneなど、数多くのサービスと連携できます。さらに、Google Apps Script自体をWeb APIとして公開することも可能です。

図1 Google Apps Scriptの利用イメージ

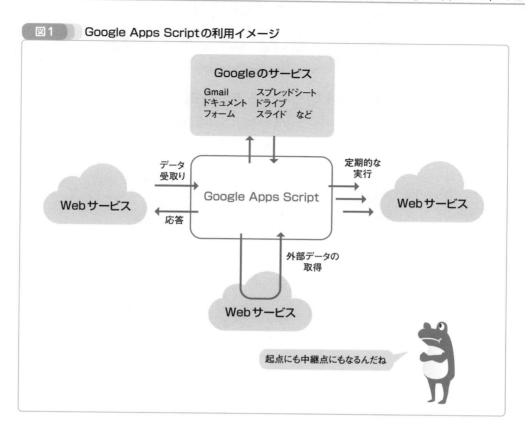

Googleのアカウントだけあればいい

　Google Apps Scriptを使用するために必要なものはインターネットに繋がったパソコンと Googleアカウントだけです。

　スマートフォンでAndroidを使っている方はすでにGmailのメールアドレスをお持ちかも しれません。そのアカウントを使用できます。

　まだアカウントを持っていない方もすぐに無料でつくれます。

Google Apps Scriptを始めるべき理由4選

Google Apps Scriptはプログラミング未経験者や初心者の方にもおすすめです。いまGoogle Apps Scriptを始めるべき理由を4つ解説します。

> 1.ハードルが低い
> 2.仕事で役立つ
> 3.JavaScriptの知識が身につく
> 4.ChatGPTが登場した

利用ハードルが低い

Google Apps Scriptは無料で使えて準備も簡単なので利用するまでのハードルがとても低いです。

一昔前までのプログラミングでは、最初にPCにアプリケーションをインストールしたり、サーバを立てたり、開発環境やテスト環境を整えるまでに結構な作業を要することが一般的でした。現在でも始める前に専用のアプリケーションのインストールが必要なプログラミング言語は多いです。

一方、Google Apps Scriptであれば面倒な準備は不要です。サーバはGoogleが用意していますので、インターネットにアクセスすればすぐに利用できます。インターネットのブラウザだけで開発も実行も行えるので、誰でも簡単に始められます。

仕事で役立つ

Google Apps ScriptはGoogleスプレッドシートのほか、Gmail、Googleカレンダーなど、仕事で使うアプリケーションを取り扱うことができます。それだけではなく、「Web API」というインターネット上でデータのやりとりをする仕組みを提供する他のクラウドサービスともデータのやりとりができます。

有名なWebサービスはだいたいWeb APIを提供していますから、いま仕事で利用しているサービスもAPIを公開しているかもしれません。それらを組み合わせれば可能性は無限大に広がります。

そして、Google Apps Scriptは決まった時間に自動で実行するトリガーという機能があり、

これを使うと処理を自動化することができます。いままで人力でやっていた仕事が勝手に終わります。一度設定すれば24時間365日、休むことなく処理を実行してくれますし、人間ではないので、疲れることも不満を言うこともありません（笑）。面倒な作業はGoogle Apps Scriptに任せて、人間はより価値の高い仕事に専念しましょう。

● JavaScriptの知識が身につく

　Google Apps ScriptはJavaScriptをベースとしています。JavaScriptはウェブサイトを中心にさまざまな場面で利用され、人気のプログラミング言語ランキングでも常に上位に入ります。

　すでにJavaScriptを触ったことのある方はすぐにGoogle Apps Scriptを活用することができます。

　JavaScriptの経験やプログラミング自体の経験がない方でも問題ありません。JavaScriptは初心者にとっても、わかりやすく学習しやすい言語です。Google Apps Scriptを学ぶことでJavaScriptの知識も身につくので一石二鳥ですね。

● ChatGPTが登場した

　なんといっても、ChatGPTの登場によって、プログラミングのハードルは劇的に下がりました。いまやプログラミング知識がなくても一瞬で意図したコードをつくれます。

　実は、2020年に出版した拙著「Google Apps Scriptのツボとコツがゼッタイにわかる本」では、「プログラミングの知識がなくてもコードのコピー＆ペーストだけができれば使えます。」と説明していました。しかしそれは、やりたいことを実現できるコードを入手できることが前提でした。つまり、誰も公開していないコードは自力でつくる必要がありました。

　しかし、現在はChatGPTの登場によって、公開されていないニッチなコードもAIに指示して簡単に生成できるようになりました。技術の進歩は早いですね。

　ChatGPTはプログラミング初心者のハードルを下げただけでなく、プロのプログラマーの働き方も変えました。世の中にはすでに「コードを書かないプログラマー」が誕生しているかも知れません。

　プログラミング学習方法も変わりました。いままではインターネットや書籍を調べて学習していたものが、チャットでAIに聞けば回答を得られるようになりました。とりあえず先にAIにコードを書かせてみて、わからない部分を後から質問するといったことも可能です。

　ChatGPTの利用が広がり始めたいまだからこそ、使いこなせるようになれば大きなチャンスがあります。ぜひこの波に乗ってチャンスをつかみましょう。

Google Apps Scriptの2つの型

Google Apps Scriptは以下の2つの種類があり、それぞれ作成方法やできることが少し異なります（図1）。

・スタンドアロン型
・コンテナバインド型

Google Apps Scriptが単体のファイルとして存在するのが**スタンドアロン型**です。スタンドアローン（stand-alone）は独立しているという意味で、Googleドライブ内にある他のファイルと同じように、1つのファイルとして作成したりフォルダを移動したりできます。

一方、**コンテナバインド型**は、Google Apps Scriptが単体としては存在しません。Googleスプレッドシートや Google ドキュメントなどのファイルにくっついて存在します。ざっくりいうと、Excelのマクロのようなイメージですね。

コンテナ（container）は入れ物、箱という意味で、ここではスプレッドシートやドキュメントなどGoogleのサービスを指します。**バインド**（bind）は縛る、結ぶという意味ですので、スプレッドシートやドキュメントなど特定のファイル（コンテナ）に結びついている（バインド）のが「コンテナバインド」型です。

なお、英語の表記に合わせるとコンテナ「バウンド」(container bound) 型となりますが、日本ではコンテナバインド型と呼ばれることが多いです。

図1 Google Apps Scriptの2つの型

スタンドアロン型	コンテナバインド型
単体のファイルとして存在する	他のファイルに紐付いて存在する

Google
Apps Script
プロジェクト

Google
アプリケーション

Google
Apps Script
プロジェクト

スタンドアロン型とコンテナバインド型の使い分け

　では、スタンドアロン型とコンテナバインド型の2つをどのように使い分けたらよいでしょうか。その違いについて説明します。

　2つの型を職業に例えるなら、スタンドアロン型はフリーランス、コンテナバインド型は企業に所属する会社員です。

　フリーランスの方は自分で製品をつくって売ったり、いろんな企業から依頼を受けたり、独立して縛られずに仕事をしますよね。一方で会社員は、自分が所属する会社の仕事に特化していますよね。

　例えば、会社員の方が社内で「今月の売上、印刷しておいて」と依頼されたら、たいてい「え、どこの会社の売上を、どこで印刷したらいいですか…？」とはならないですよね。具体的に指示されなくても、自分の会社の売上を、オフィスにあるプリンタで印刷するはずです。

　コンテナバインド型はあらかじめ一つのファイルと紐付いていることによって細かい指示を省略できるメリットがあります。

　ということで、1つのスプレッドシートやドキュメントなどに特化して処理を行ったり、機能を追加したりしたいときはコンテナバインド型です。一方で、1つのスプレッドシートやドキュメントなどを紐付ける必要がない場合はスタンドアロン型にしましょう。

　なお、本書のサンプルでは予めどちらの型で作成するかを記載しています。

1-4 スタンドアロン型のつくり方

● スタンドアロン型のプロジェクトをつくる

ここからは実際にGoogle Apps Scriptの作成方法を説明します。
まずは、スタンドアロン型のGoogle Apps Scriptから作成してみましょう。

　Googleのアカウントを持っていない方は、アカウントを作成してください。ブラウザで以下のURLを開き、左下の「アカウントを作成」から無料でGoogleアカウントを作成できます。

【Googleログインページ】

https://accounts.google.com/signin

　Googleアカウントにログインしたら Google ドライブを開きます。

【Googleドライブ】

https://drive.google.com/drive/home

　任意のフォルダで左上の［新規］ボタンをクリックします（画面1）。

▼**画面1　Google ドライブで左上の［新規］ボタンをクリック**

「その他」からGoogle Apps Scriptをクリックします（画面2）。

▼**画面2 「その他」からGoogle Apps Scriptをクリック**

「ドライブ フォルダのすべての共同編集者がこのファイルにアクセスできるようになります」というメッセージが表示されます。

内容を確認し、問題なければ［スクリプトを作成］をクリックします（画面3）。

▼**画面3 内容が問題なければ［スクリプトを作成］をクリック**

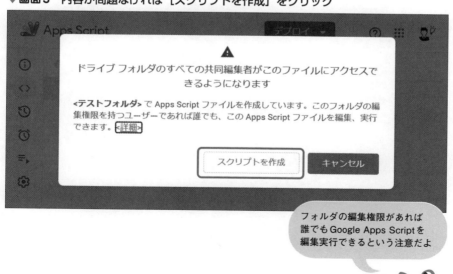

Google Apps Scriptのプロジェクトが作成されました（画面4）。とっても簡単ですね。

▼**画面4　Google Apps Scriptのファイルが作成された**

スタンドアロン型の
Google Apps Scriptが
つくれたね

コンテナバインド型のつくり方

コンテナバインド型のプロジェクトをつくる

次にコンテナバインド型のGoogle Apps Scriptを作成しましょう。

コンテナバインド型は、スプレッドシート、ドキュメント、スライド、フォームから利用できます。頻度としてはスプレッドシートを利用することが多いです。

スプレッドシートはセル毎に値の入出力ができるのでとてもデータを扱いやすく、簡単なデータベース代わりに利用できるため、Google Apps Scriptととても相性がいいです。

ということで、ここではGoogleスプレッドシートから作成してみましょう。

まずはGoogleドライブを開きます。

左上の［新規］ボタンをクリックします（画面1）。

▼**画面1　Google ドライブで左上の ［新規］ ボタンをクリック**

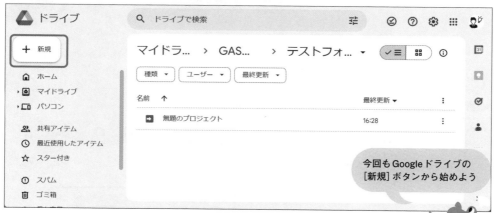

Googleスプレッドシートをクリックして新規作成します（画面2）。

▼**画面2　Googleスプレッドシートをクリック**

まずは普通に
スプレッドシートを
作成するよ

スプレッドシート上部のメニューから「拡張機能」をクリックし、「Apps Script」をクリックします（画面3）。

▼**画面3　「拡張機能」メニューから「Apps Script」をクリック**

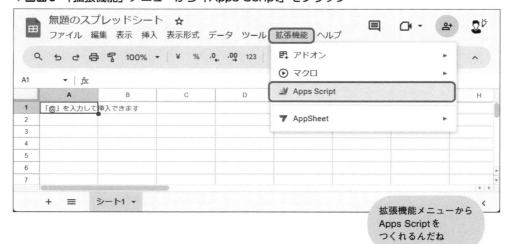

拡張機能メニューから
Apps Scriptを
つくれるんだね

　スタンドアロン型の時と同じ画面が表示されました。コンテナバインド型もスタンドアロン型もスクリプトエディタの画面は同じです（画面4）。

▼**画面4**　Google Apps Scriptのスクリプトエディタ

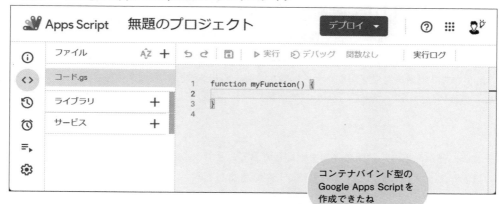

コンテナバインド型の
Google Apps Scriptを
作成できたね

　次節ではGoogle Apps Scriptの画面と使い方について詳しく説明をしていきます。

Google Apps Script 開発画面

使いやすく進化した開発画面

ここではGoogle Apps Scriptの開発画面（IDE）について紹介します。

Google Apps Scriptの開発画面は2021年1月頃に刷新されました。個人的には「Google Apps Scriptのツボとコツがゼッタイにわかる本」の出版直後に画面が大幅に変わってしまったのが苦い思い出ですが（笑）。このアップデートによって以前よりも格段に使いやすくなりました。

どこに何があるのか、開発画面を把握しておくことで、Google Apps Scriptの理解と学習の速度がアップしますので、ここで確認していきましょう。

ヘッダー

まずは、Google Apps Scriptのプロジェクトで、常に最上段に表示されているヘッダー部分の機能について、左から順に説明していきます（画面1）。

▼**画面1　プロジェクトのヘッダー部**

あまり使わないボタンもあるけど機能を知っておこう

①ロゴ

一番左にあるのが「Apps Script」のロゴです。

ロゴをクリックすると、Google Apps Scriptのダッシュボード（https://script.google.com/home）に遷移できます。このダッシュボードでは、既存のApps Scriptプロジェクトを表示・検索したり、使用状況をモニタリングしたりできます。

ダッシュボードについては1-13節で説明しますが、作成したプロジェクトが増えてきたら、もう使っていないのに毎日実行されているというような、いわゆる野良GAS、野良アプリをメンテナンスするのに役立ちます。

●②タイトル

ロゴの右にあるのがプロジェクトのタイトル（プロジェクト名）です。

クリックするとプロジェクト名を編集できます。

スタンドアロン型では、プロジェクト名がGoogleドライブ上のファイル名になります。

●③ [デプロイ] ボタン

デプロイ（Google Apps ScriptをWebからアクセスできるようにする機能）を管理する時に使用します。1-10節で使い方を詳しく説明します。

●④共有

他のユーザーとこのプロジェクトを共有するための設定ができます。

●⑤サポート

ヘルプドキュメントやGoogle Apps Scriptの学習のためのリンクなどがあります。

●⑥アプリ

Googleの他のアプリケーションへのリンクです。

●⑦Googleアカウント

ログインしているアカウントの管理やログアウトができます。

●6つのメニュー

次に、左側に6つ並んでいるメニューについて、上からそれぞれ説明していきます（画面2）。

▼**画面2 左側にある6つのメニュー**

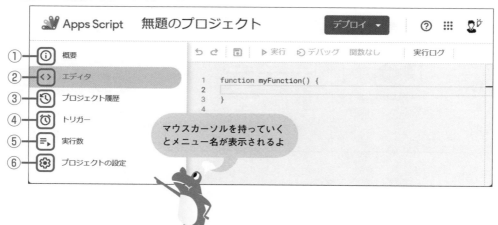

①概要

　概要の画面には、その名のとおり、プロジェクトに関する概要情報が表示されます。

　また、右上にはプロジェクトのコピー（複製）、［スター付き］に追加、削除の各ボタンがあります。

　下にスクロールすると、最近7日間のエラー率、実行数、ユーザー数なども表示されます。

　なお、スタンドアロン型とコンテナバインド型で表示が少しだけ異なるので、2つの型の概要画面を並べてみました（画面3、4）。

▼**画面3　スタンドアロン型の概要**

▼**画面4　コンテナバインド型の概要**

　コンテナバインド型には、コンテナ（ここではスプレッドシート）へのリンクがありますね。また、紐付いているコンテナがわかるようなアイコンになっています。それ以外は、スタンドアロン型と同じです。

②エディタ

　Google Apps Scriptを作成したときに最初に表示されているのが「エディタ」の画面で、コードの入力や実行に使用する、もっともよく使う画面です（画面5）。

　1-8節で詳しい使い方を説明します。

▼**画面5　エディタ**

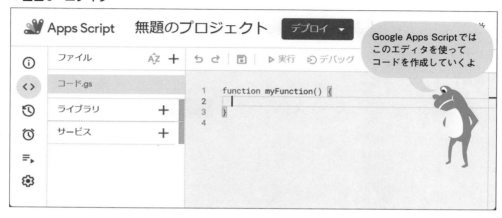

③プロジェクト履歴

　プロジェクト履歴は、2023年に追加された新しいメニューです（画面6）。

　過去のバージョンを閲覧したり、現在のバージョンと比較したりできます。

　ちなみに、エディタでコードを保存するだけではプロジェクト履歴には登録されません。右上の［デプロイ］ボタンからデプロイすることでプロジェクト履歴にバージョンとして登録され、こちらに表示されるようになります。

▼**画面6　プロジェクト履歴**

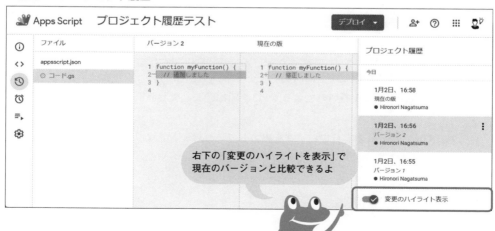

●④**トリガー**

「トリガー」を管理できる画面です（画面7）。

「トリガー」は、指定した関数を、定期的に実行したり、特定のイベント発生時に実行したりできる、Google Apps Scriptのもっとも便利な機能の1つです。

右下の［トリガーを追加］ボタンから簡単にトリガーを設定することができます。

プロジェクトに設定されているトリガーを閲覧できるほか、自分が作成した（オーナーになっている）トリガーは編集、削除ができます。

1-11節で詳しく説明します。

▼**画面7　トリガー**

●⑤**実行数**

実行ログを閲覧する画面です（画面8）。

実行した関数、種類（実行されたきっかけ）、開始時間、実行時間、ステータスを閲覧できます。

Google Apps Scriptの実行中にログを出力していれば、行をクリックしてそのログを確認することができます。

▼**画面8　実行数（クリックするとログを確認できる）**

●⑥プロジェクトの設定

　「プロジェクトの設定」では、タイムゾーンやスクリプトプロパティなどを確認、設定できます（画面9）。

　タイムゾーンの設定が誤っていると想定外の動作をすることがありますので、日本時間で実行させたいときは東京が選択されているか確認しておきましょう。

　スクリプトプロパティは各プロジェクトの中にデータを保存できる機能です。この機能を使うと、スタンドアロン型のプロジェクトでも、例えば最後に処理した日時をスクリプトプロパティに保存して、次回実行時には続きから処理をさせる、といったことを実現できます。
　そのほか、コードに直書きすることがリスクになりそうなAPIキーなどの秘密情報を保存する場所としても使われています。

　スクリプトプロパティは、この画面上から手動で編集できる以外に、Google Apps Scriptのコードに命令文を書いてスクリプト実行時にプロパティを取得・更新することもできます。

▼**画面9　プロジェクトの設定**

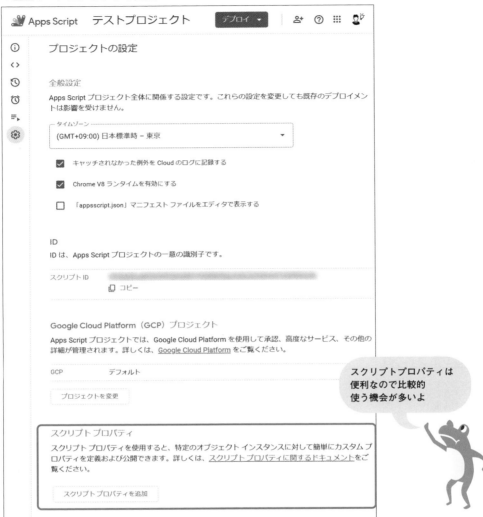

スクリプトプロパティは
便利なので比較的
使う機会が多いよ

1-7 世界一簡単なGASを実行しよう

事前準備

ここからは実際に簡単なGoogle Apps Scriptを動かしながら進めていきましょう。

まずは、スタンドアロン型のGoogle Apps Scriptを1-4節の解説を参考にして作成してみてください。

Google Apps Scriptでは、関数というものをつくって処理を実行します。新規でGoogle Apps Scriptを作成したときにすでに「function myFunction() { }」というコードが入力されています。これがmyFunction関数です。空っぽになっている{}の中に命令を入力しましょう（リスト1）。

なお、英数字や記号は半角で入力してください。また、アルファベットの大文字小文字を判別しますのでご注意ください。

▼リスト1　世界一簡単なGAS

```
function myFunction() {
  console.log("こんにちは");
}
```

コードを編集すると、上にある「コード.gs」というタブ名の左に丸いマークが表示されます。このマークが表示されているときは、変更したコードが保存されていません。フロッピーディスクのマークの保存ボタンをクリックして保存しましょう（画面1）。

▼画面1　保存前はファイル名の左に丸いマークがついている

保存すると丸いマークが消えます（画面2）。

▼**画面2　保存すると丸いマークが消える**

実行する

保存ができたら、さっそく実行してみましょう。

実行するには、プルダウンでmyFunction関数を選び、「実行」ボタンを押します（画面3）。

▼**画面3　関数を選択して「実行」ボタンをクリック**

実行すると実行ログが表示されます。「こんにちは」と表示されたら成功です（画面4）。

▼**画面4　実行ログに「こんにちは」と表示された**

　ここで使用したconsole.log(文字列) という構文は、指定した文字をログに出力する命令で、実行されたスクリプトの処理状況を確認したいときなどによく利用されます。

　いかがでしょうか。Google Apps Scriptはこんなに簡単に作成と実行ができるんです。このハードルの低さがGoogle Apps Scriptを使うメリットの1つです。

1-8 エディタの使い方

エディタを使いこなそう

ここではエディタ（スクリプトエディタ）について説明していきます。

Google Apps Scriptのプログラミングは、ほとんどが、このエディタを使用した作業になります。一番よく使う画面ですので、エディタの使い方をマスターしていきましょう。

ちなみに、「関数」や「変数」がわからないという方は、第2章で説明していますので、先に第2章からお読みいただくと、より理解が進むと思います。

エディタのボタン

ここでエディタ上部にあるボタンを説明します（画面1）。

▼画面1　スクリプトエディタのボタン

❶元に戻す……最後の操作を元に戻します
❷やり直し……元に戻した操作をやり直します
❸保存…………コードを保存します
❹実行…………選択した関数を実行します
❺デバッグ……選択した関数をデバッグモードで実行します
❻関数を選択…実行やデバッグをする関数をプルダウンで選択します
❼実行ログ……直前に実行した時の実行ログを表示／非表示します

エディタの便利な機能9選

エディタにはプログラミングをするときに役立つ機能がたくさんあります。

ここでは、特に役に立つ機能を紹介します。ぜひマスターしてプログラミングの効率をあげていきましょう。

●入力補助

文字を途中まで入力したら、その続きを補完してくれる機能があります。

例えば、既にmessageという変数を宣言していたら、「m」と入力しただけで、カーソルの右下に候補が表示されます（画面2）。

▼画面2　文字を打つだけで候補が表示される

```
1   function myFunction() {
2     const message = 'こんにちは';
3     const messageEvening = 'こんばんは';
4     logMessage(me);
5   }                    🔧 message              const message: "こんにちは"
6                        🔧 messageEvening
7   function logMes      ⊗ logMessage
8     console.log(message);
```

文字を打つたび
候補が絞られるよ

このとき、入力したいものを ↑ ↓ キーで選び、 Enter キーか Tab キーを入力すると、続きを補完してくれます。

入力時間が短縮されるほか、入力ミスも減るので、一石二鳥の機能ですね。

●変数のハイライト表示

エディタ上で変数や関数をクリックすると、同じ変数が使用されている場所がハイライト表示されます。

下の例では、2行目のmessageをクリックしたら4行目のmessageもハイライトされました（画面3）。

▼画面3　2行目と4行目の変数messageがハイライトされた

```
1   function myFunction() {
2     const message = 'こんにちは';
3     const messageEvening = 'こんばんは';
4     logMessage(message);
5   }
6
7   function logMessage(message) {
8     console.log(message);
9   }
10
```

クリックするだけで
簡単に確認できるね

変数に代入がされている箇所が水色、それ以外が灰色でハイライトされています。
また、右側のスクロールバーにも、変数がある行に色がついていますね。

ちなみに、7行目と8行目にも変数messageがありますが、こちらはハイライトされていませんね。同じ名前であっても、選択した変数のスコープ外にある別の変数はハイライトされません（スコープについては次章で説明します）。

ついでに、3行目の変数messageEveningにも注目してみましょう。
他の変数より文字が薄く、灰色になっていることに気がつきませんか。
この変数は定義されたのにどこにも使われていません。どこにも使われていない変数は灰色で表示されます。
使われていない変数を簡単に見つけることができますね。

● 関数のハイライト表示

変数と同様に関数も、関数名をクリックすると、使用されている箇所がハイライト表示されます（画面4）。

変数と同様に、右側のスクロールバーも行がハイライトされていますね。

▼画面4　関数名がハイライト表示された

```
1  function myFunction() {
2    const message = 'こんにちは';
3    const messageEvening = 'こんばんは';
4    logMessage(message);
5  }
6
7  function logMessage(message) {
8    console.log(message);
9  }
10
```

関数も宣言されている箇所が
水色で呼び出されている箇所は
灰色になるよ

●括弧のハイライト表示

　関数やブロックなど、何重にも重なると、「あれ、この括弧ってどこまで囲んでいるのかな？」と、括弧が行方不明になることがあります。

　そんなとき、括弧をクリックすると、その括弧に対応する括弧をハイライトしてくれます（画面5）。

▼**画面5　括弧のハイライト表示**

```
1  function myFunction() {
2    const message = 'こんにちは';
3    const messageEvening = 'こんばんは';
4    logMessage(message);
5  }
6
```

括弧の始まりと終わりが
わかりやすいね

●関数やブロックを折りたたむ

　行番号のあたりにマウスカーソルを持っていくと、「∨」のマークが表示されます（画面6）。

▼**画面6　行番号の横に「∨」のマークが表示されている**

```
1 ∨ function myFunction() {
2    const message = 'こんにちは';
3    const messageEvening = 'こんばんは';
4    logMessage(message);
5  }
6
```

行番号に
カーソルを持っていくと
表示されるよ

　関数やブロックが始まる行に表示されるもので、これをクリックすると、関数やブロックが折りたたまれます（画面7）。

▼**画面7　関数が折りたたまれた**

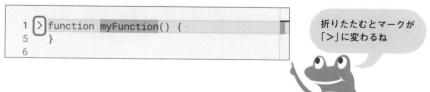

```
1 > function myFunction() { …
5  }
6
```

折りたたむとマークが
「>」に変わるね

　関数の中身が長くなってしまったり、関数が多くなってしまったりしたときには、編集していない部分を折りたたんで画面をスッキリさせることができますね。

● 検索

　コード内の文字を検索したいときは、[Ctrl] キー + [F] キー（Macは [Command] キー + [F] キー）から検索できます（画面8）。

▼ **画面8　検索機能**

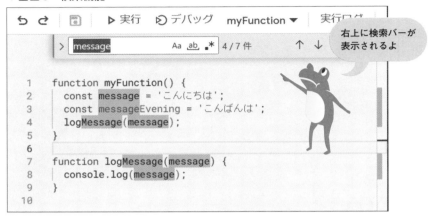

　検索バーにはいくつかボタンがあり、検索の条件を細かく設定したり、前や次に移動したりできます（画面9）。

▼ **画面9　検索バーのボタン**

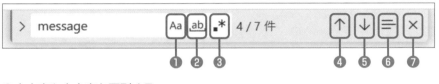

❶ 大文字と小文字を区別する
❷ 単語単位で検索する
❸ 正規表現を使用する
❹ 前の一致項目に移動
❺ 次の一致項目に移動
❻ 選択範囲を検索
❼ 検索バーを閉じる

便利な機能もあるので
それぞれのボタンを試してみよう

● 置換

　検索バーの左端にある「>」のマークをクリックすると、置換をするための入力欄が表示されます（画面10）。

▼画面10　「>」のマークをクリックすると置換の入力欄が表示される

置換は、上段の検索バーで検索された文字を、下段で指定した文字に置き換えます。1個ずつ確認しながら置換したいときは「置換」を、該当するものを一気に置換したいときは「すべて置換」を使いましょう（画面11）。

▼画面11　置換のボタン

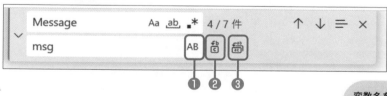

❶（大文字小文字を）保持する
❷（1つずつ）置換
❸すべて置換

● ドキュメントのフォーマット

エディタには、フォーマット（整形）という機能があります。

ゴチャゴチャになって見づらいコードを一発でキレイにしてくれる機能です。

まずはゴチャゴチャして窮屈なコードをご覧ください（画面12）。

▼画面12　フォーマットする前

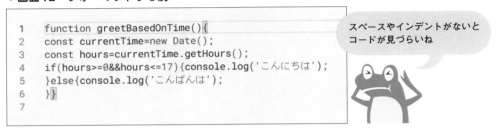

```
1  function greetBasedOnTime(){
2  const currentTime=new Date();
3  const hours=currentTime.getHours();
4  if(hours>=0&&hours<=17){console.log('こんにちは');
5  }else{console.log('こんばんは');
6  }}
7
```

> スペースやインデントがないと
> コードが見づらいね

これはキレイなコードとはいえないですね。

このコードをキレイに見やすくしたい。そんな時は、エディタ内で右クリックして表示されたメニューから「ドキュメントのフォーマット」をクリックします（画面13）。

▼画面13　右クリックしてドキュメントのフォーマットをクリック

定義へ移動	Ctrl+F12
参照へ移動	Shift+F12
シンボルに移動...	Ctrl+Shift+O
ピーク	>
シンボルの名前変更	F2
すべての出現箇所を変更	Ctrl+F2
ドキュメントのフォーマット	Shift+Alt+F
切り取り	
コピー	
貼り付け	
コマンド パレット	F1

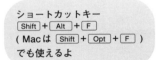

> ショートカットキー
> Shift + Alt + F
> （Macは Shift + Opt + F ）
> でも使えるよ

すると、なんということでしょう。ゴチャゴチャして窮屈だったコードが劇的にキレイになりました（画面14）。

▼**画面14　フォーマットした後**

```
1  function greetBasedOnTime() {
2    const currentTime = new Date();
3    const hours = currentTime.getHours();
4    if (hours >= 0 && hours <= 17) {
5      console.log('こんにちは');
6    } else {
7      console.log('こんばんは');
8    }
9  }
10
```

一瞬でキレイになるよ

コードの一部分を選択して、選択範囲だけフォーマットすることもできます。

初心者の方は見やすいコードを書くにはどうしたらよいか悩むこともあると思いますが、この機能を使えば、そんな悩みが少し解決できますね。

●**コマンドパレット**

ここで紹介した機能はほんの一部で、エディタには他にも非常に多くの機能があります。その機能が集約されているのがコマンドパレットです。

コマンドパレットを表示するには、[F1]キーを押すか、エディタ上で右クリックしたときに表示されるメニューから「コマンドパレット」を開きます（画面15）。

▼**画面15　右クリックメニューからコマンドパレットを開く**

コマンドパレットには機能がたくさん詰まっているよ

　たくさんの機能があるので、上の検索窓で検索するか、スクロールして使いたい機能を選びましょう（画面16）。

▼**画面16　コマンドパレット**

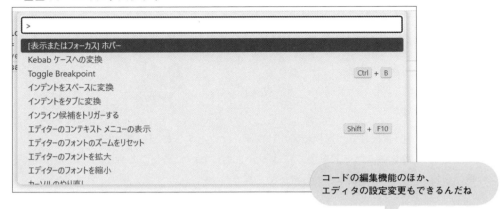

コードの編集機能のほか、
エディタの設定変更もできるんだね

　一部の機能にはショートカットキーも記載されていますので、頻繁に使いたい機能は覚えておくとよいでしょう。

1-9 デバッグ

デバッグとは何か

デバッグは、スクリプトの実行時に発生した不具合を修正する作業です。

スクリプト上で不具合を発生させている箇所をバグといいます。バグ（bug）を取り除くので、デバッグ（debug）といいます。

Google Apps Scriptのスクリプトエディタにはデバッグ機能が搭載されています。「デバッグ」ボタンをクリックすると右で選択している関数をデバッグ実行します（画面1）。

▼画面1　デバッグボタン

↶ ↷ | 🖫 | ▷ 実行 ⟳ デバッグ myFunction ▼ | 実行ログ

ブレークポイントを設置する

コードの行番号をクリックすると左に紫の丸印が表示されます。これはブレークポイントといいます（画面2）。

▼画面2　ブレークポイントを設置する

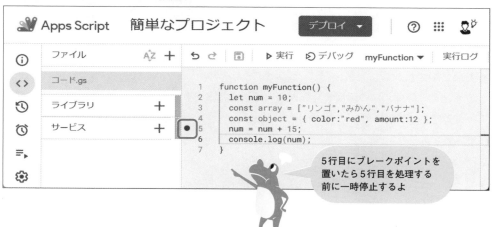

5行目にブレークポイントを置いたら5行目を処理する前に一時停止するよ

　ブレークポイントを設置してデバッグ実行すると、ブレークポイントの位置で実行を一時停止することができます。一時停止されると画面の右側にデバッグウィンドウが表示され、停止した時点で変数にどのような値が入っているかなどを確認できます（画面3）。

▼**画面3　処理が一時停止してその時点の変数の状態を確認できる**

右側に表示されたのが
デバッグウィンドウだね

　配列やオブジェクトは「>」のマークをクリックすると、折りたたまれているデータの中身を表示できます。

　デバッグの時は、この画面を見ながら、意図したとおりにデータが入っているかを確認していきます。

デバッグメニュー

　ブレークポイントで一時停止した状態になると、右上にデバッグメニューが表示されます（画面4）。

▼**画面4　デバッグメニュー**

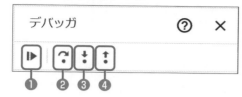

　デバッグメニューには4つのボタンがあり、それぞれの機能は以下のとおりです。

❶再開………………………続きからデバッグ実行を再開します
❷ステップオーバー……1行単位で実行します（関数があった場合は実行しないで次の行へ）
❸ステップイン…………1行単位で実行します
❹ステップアウト………現在の関数を最後まで実行します

　スクリプトを実行しても思いどおりに動かないときは、ブレークポイントを複数設置して、変数に適切な値が入っているかを順番に確認していくと、問題が発生している箇所を特定するのにとても役立ちます。

　これからコードを書いていく上で、思いどおりに動かない状況は必ず発生します。コードを書くときは「デバッグウィンドウとにらめっこ」の連続です。デバッグをマスターして早くバグを見つけられるようになることはスキルアップの近道ともいえます。

1
2
3
4

1-10 デプロイ

デプロイとは何か

ここではデプロイについて、実際にサンプルコードをデプロイしながら説明していきます。

デプロイ（deploy）は「配置する」「展開する」という意味の英単語です。

デプロイをするとGoogle Apps ScriptをWeb上で利用できる状態にできます。

「Webで実行できるようにするなんて、何か危険な気がする…！」という方は、まず本書で実際の画面をみながら動きを確認するだけでも結構です（もちろん危険ではない方法で説明しています）。

なお、デプロイはちょっと難しい内容になるので、難しそうに感じたときは読みとばし、いざデプロイが必要になったときに読み返してみてください。

新しいデプロイ

まずはGoogle Apps Scriptをスタンドアロン型で作成し、次のリスト1のコードを入力して保存してください（画面1）。

▼リスト1　テスト用の簡単なコード

```
001 : function doGet() {
002 :   console.log("hello");
003 : }
```

▼画面1　コードを入力して保存した

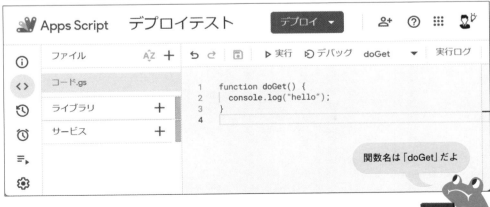

右上の［デプロイ］ボタンをクリックすると3つの選択肢がでてきます（画面2）。

▼**画面2　［デプロイ］ボタンの3つの選択肢**

それぞれの役割は以下のとおりです（表1）。

▼**表1　［デプロイ］ボタンの3つの選択肢の用途**

新しいデプロイ	新規でデプロイを行います
デプロイを管理	既存のデプロイの管理や、新しいバージョンの作成ができます
デプロイをテスト	テスト用のURLを発行してデプロイを事前にテストできます

まずは「新しいデプロイ」をクリックしましょう。

新しいデプロイの画面では、まずデプロイタイプを選択する必要があります。
左上の歯車マークをクリックして「ウェブアプリ」を選択します（画面3）。

▼**画面3　新しいデプロイ画面で歯車マークからウェブアプリを選択**

すると、ウェブアプリの設定画面が表示されます（画面4）。
「説明」欄は、バージョンの変更内容などを後でわかりやすいように入力しておく場所ですが、空欄でも問題ありません。

「次のユーザーとして実行」欄を「自分」とし、その下の「アクセスできるユーザー」を「自分のみ」としてください。

入力したら右下の「デプロイ」をクリックします（画面4）。

▼**画面4　ウェブアプリの設定画面**

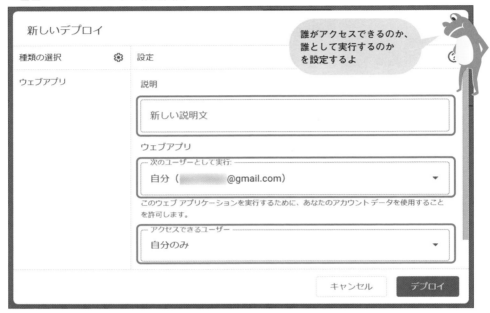

デプロイされるとデプロイIDとウェブアプリのURLが発行されます（画面5）。

▼**画面5　デプロイされてデプロイIDとウェブアプリのURLが発行された**

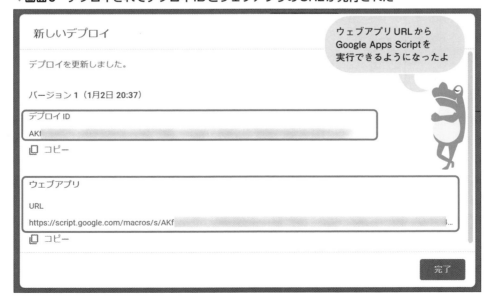

ウェブアプリにアクセスする

試しにウェブアプリのURLをコピーしてブラウザのアドレス欄に貼り付けてアクセスしてみましょう（画面6）。

▼**画面6　ウェブアプリのURLにアクセスした結果**

「スクリプトが完了しましたが、何も返されませんでした。」とありますね。スクリプトは実行されたようです。

Google Apps Scriptの実行数メニューからログを確認してみると、「doGet」という関数が実行され、ログに「hello」と記載されています（画面7）。

ブラウザからURLにアクセスした時にdoGet関数が実行されたことがわかります。

ログも出力されています。

▼**画面7　実行数の画面**

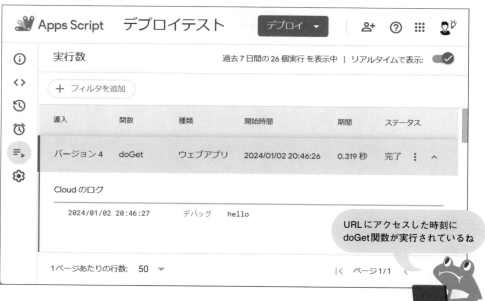

　ちなみに、今回実行されたdoGet関数はブラウザからウェブアプリのURLにアクセスされた時に実行される関数です。

　このように、Google Apps Scriptでは、特定の関数名に特殊な役割が割り当てられています。doGet関数については1-11節でも紹介します。

　なお、「アクセスできるユーザー」に指定したユーザーとしてログインしていない場合は、同じURLにアクセスしてもファイルを開けない旨のメッセージが表示され、Google Apps Scriptも実行されません（画面8）。

▼**画面8　アクセスできるユーザー以外はファイルが開けない**

Google ドライブ

現在、ファイルを開くことができません。

アドレスを確認して、もう一度試してください。

あれもこれも Google ドライブで

Google ドライブにはドキュメントやスプレッドシート、プレゼンテーションなどを簡単に作成、保存してオンラインで共有できるアプリが揃っています。

詳細はdrive.google.com/start/appsをご覧ください。

設定したとおり、自分のみしかアクセスできないんだね

　今回は「アクセスできるユーザー」を「自分のみ」に設定しました。自分以外のユーザーや外部システムからも利用できるようにしたい場合は、「アクセスできるユーザー」を「全員」に設定することで利用可能になります。その場合は、悪用されないように、呼出し元の制限をしたり、URLの取扱いに注意しましょう。

● デプロイを更新する

　デプロイした後に、コードを修正したいとき、エディタで保存するだけではデプロイしたコードに修正が反映されません。Web上からGoogle Apps Scriptにアクセスした時は、デプロイした時点のコードが実行されます。

　では、コードの修正をどう反映させるかというと、新バージョンをデプロイする作業が必要です。

　ここでは新バージョンをデプロイする方法を説明していきます。

　まずは右上の［デプロイ］ボタンをクリックしてから、「デプロイを管理」をクリックしてください（画面9）。

▼**画面9　右上の［デプロイ］から「デプロイを管理」をクリック**

　右上の鉛筆マーク（編集）をクリックすると編集可能になります（画面10）。

▼**画面10　右上の鉛筆マーク（編集）をクリック**

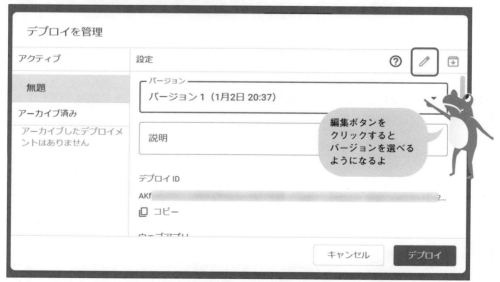

　「バージョン」欄で「新バージョン」を選択して右下の「デプロイ」をクリックします（画面11）。

▼**画面11** 「新バージョン」を選択して右下の「デプロイ」をクリック

バージョン2としてデプロイを更新できました（画面12）。

▼**画面12** デプロイが更新できた

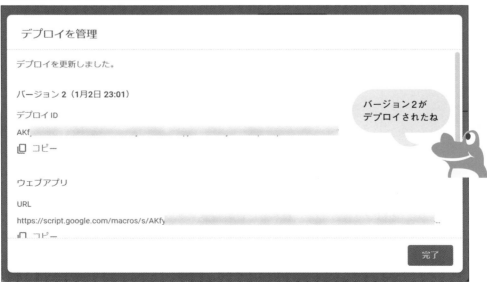

　完了をクリックして、再度右上の「デプロイ」から「デプロイを管理」を開くと、バージョン2がアクティブになっていて、バージョン1がアーカイブ済みになっているのがわかります（画面13）。

▼**画面13　バージョン2がアクティブになっている**

デプロイを管理				
アクティブ	設定		？　✎	⊡
無題	┌ バージョン ─────────────────────┐ バージョン 2（1月8日 2:09）　　　　　　　▾			
アーカイブ済み	説明			
無題	デプロイ ID AK ▓▓▓▓▓▓▓▓▓▓▓▓▓▓▓▓▓▓▓▓　PR... 🗐 コピー ウェブアプリ			
			キャンセル	デプロイ

新バージョンに問題があった場合には
過去のバージョンを選択して
デプロイすることもできるよ

　既にデプロイ済みのバージョンを更新したい時は、ここで説明したように「デプロイを管理」から新バージョンをデプロイしてください。

　なお、「デプロイを管理」からではなく、「新しいデプロイ」からデプロイすると、既に作成されているデプロイとは別のIDやURLでデプロイされてしまいます。ウェブアプリを実行するURLが変わってしまうので注意しましょう。

● デプロイをアーカイブする

デプロイしたものが不要になった場合は、アーカイブしましょう。

実行される可能性があるものをそのまま放置するのはセキュリティ的にもリスクになります。

アーカイブすることでアクセスしても Google Apps Script が実行されなくなります。

ここでは、デプロイメントをアーカイブする方法を説明します。

まずは右上の［デプロイ］ボタンをクリックしてから、「デプロイを管理」をクリックしてください（画面14）。

▼**画面14　右上の［デプロイ］から「デプロイを管理」をクリック**

アクティブなデプロイを選択した状態で、右上の「デプロイメントをアーカイブ」をクリックしてください（画面15）。

▼**画面15　アクティブなデプロイを選択してデプロイメントをアーカイブする**

アクティブなバージョンの
右上にアーカイブボタンが
表示されるよ

1
2
3
4

　確認画面が表示されますので、問題なければ右下の［アーカイブ］ボタンをクリックして
ください（画面16）。

▼**画面16　確認の上で［アーカイブ］ボタンをクリック**

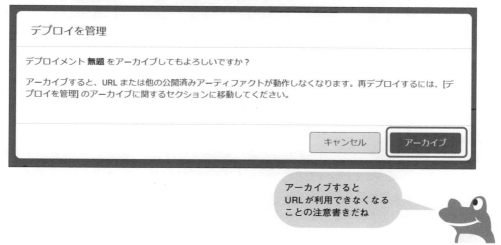

アーカイブすると
URLが利用できなくなる
ことの注意書きだね

　アーカイブした旨の画面が表示されます。［完了］ボタンをクリックします（画面17）。

▼**画面17　デプロイメントをアーカイブした**

これでURLにアクセスしても
動作しなくなったよ

1-11 トリガー

トリガーとは

Google Apps Scriptを利用する大きなメリットの1つがトリガー機能です。トリガー機能を使ってさまざまなパターンの自動化を実現できます。ここではトリガー機能について説明します。

トリガー（trigger）は日本語に訳すと「引き金」です。銃の引き金を引くと弾が飛び出すように、何かが起きる「きっかけ」という意味があります。

Google Apps Scriptでは、トリガー機能を使って関数を自動実行するように設定できます。毎日同じ時間に定期的に実行させたり、フォーム送信など特定のイベント発生時に実行させたり、トリガー機能を使うことでGoogle Apps Scriptの活用の幅が大きく広がります。
実際の活用事例は本書のサンプルでも解説しています。ここでは概要について説明します。

トリガーには、シンプルトリガーとインストーラブルトリガーの2種類があります。
2種類それぞれについて説明します。

シンプルトリガー

シンプルトリガーは、あらかじめ決められた関数名でスクリプトを作成することによって設置できるトリガーです。
主なシンプルトリガーは以下のとおりです（表1）。

▼表1　主なシンプルトリガー

onOpen(e)	スプレッドシート、ドキュメント、スライド、フォームを開いたときに実行される
onEdit(e)	スプレッドシートを変更したときに実行される
doGet(e)	ウェブアプリにアクセスがあったとき、またはGETリクエストがあったときに実行される
doPost(e)	ウェブアプリにPOSTリクエストがあったときに実行される

doGetとdoPostは、Google Apps ScriptプロジェクトをウェブアプリとしてデプロイすることでWeb上から利用できるようになる関数です。

インストーラブルトリガー

　インストーラブルトリガーは、1-6節でも簡単に紹介しました。Google Apps Script プロジェクトの左側のメニューから「トリガー」の画面を開き、画面上から管理できるトリガーです。

　プロジェクトに設定されているトリガーを閲覧できるほか、自分が作成した（オーナーが自分になっている）トリガーは編集、削除ができます。

　右下の［トリガーを追加］ボタンから簡単にトリガーを設定することができます（画面1）。

▼**画面1　トリガー画面右下の［トリガーを追加］から追加できる**

オーナー	前回の実行	導入	イベント	関数	エラー率
自分	2024/01/02 17:18:00	Head	時間ベース	myFunction	0%

> トリガーを作成したユーザーが
> そのトリガーのオーナーになるよ

　トリガーの追加・編集の画面では、実行する関数や実行のタイミングなどを設定できます（画面2）。

▼**画面2　トリガーを追加する画面**

テストプロジェクト のトリガーを追加

実行する関数を選択

| myFunction | ▼ |

実行するデプロイを選択

| Head | ▼ |

イベントのソースを選択

| 時間主導型 | ▼ |

時間ベースのトリガーのタイプを選択

| 時間ベースのタイマー | ▼ |

時間の間隔を選択（時間）

| 1 時間おき | ▼ |

エラー通知設定　　　＋

| 毎日通知を受け取る | ▼ |

キャンセル　　保存

項目を選ぶだけで
簡単に設定できるね

　イベントのソースは、スタンドアロン型の場合は「時間主導型」と「カレンダーから」を選択できます。コンテナバインド型の場合は、さらに紐付いているファイル形式によって利用可能なイベントの種類が異なります（表2）。

▼**表2　コンテナバインド型で使用できるイベントの種類**

	スプレッドシート	ドキュメント	スライド	フォーム
起動時	○	○	×	○
編集時	○	×	×	×
変更時	○	×	×	×
フォーム送信時	○	×	×	○

イベントのソースで時間主導型を選択した場合に選択できる、時間ベースのトリガーのタイプは表3のとおりです。

▼**表3　時間ベースのトリガーのタイプ**

トリガーのタイプ	選択項目
特定の日時	任意の日時を指定する
分ベース	1分/5分/10分/15分/30分おき
時間ベース	1時間/2時間/4時間/6時間/8時間/12時間おき
日付ベース	1時間単位で実行する時間帯を選択
週ベース	曜日と1時間単位で実行する時間帯を選択
月ベース	日付（1〜31日）と1時間単位で実行する時間帯を選択

◉ 時間主導型トリガーの注意点

定期的に実行する時間主導型のトリガーの場合、ぴったりの時刻を指定して実行することができません。

例えば、1時間おきに実行する時間ベースのタイマーの場合、その時間帯の中でいつ実行されるかは実行されるまでわかりません。ですので、特定の時刻ぴったりに実行することが求められるようなスクリプトは作成が困難です。

分ベースのタイマーで1分おきに設定すれば誤差を1分以内にすることができます。しかし、1時間に60回×24時間で1日に1440回実行されることになるため、処理内容によってはGoogle Apps Scriptの制限に引っかかる可能性がありますので注意しましょう。

なお、定期的に実行する時間主導型のトリガーは、実行される時刻は指定できないものの、実行から次の実行までの間隔はかなり正確です。例えば、1日おきに実行する日付ベースのタイマーの場合、トリガーを再度編集しない限り、毎日ほぼ同時刻に実行されます。

1-12 Google Apps Script の制限

Google Apps Scriptには制限がある

Google Apps Scriptは無料で便利に使える一方で、さまざまな制限も設定されています。

有名なものの1つが、「6分の壁」です。Google Apps Scriptの1回の実行時間は6分までとなっており、6分を過ぎると処理が中断されて終了します。

スクリプトは間違っていないはずなのに、なぜか謎のエラーが出るというときは、制限に引っかかっているかもしれません。

無料のGoogleアカウントと有料のGoogle Workspaceアカウントを比較すると、Googleアプリケーションに関する制限においては、Google Workspaceアカウントの制限が緩和されています。

2024年1月時点での主な1日（24時間）の割り当てと制限は表のとおりです。予告なく変更される可能性がありますので、気になる方は最新の情報をご確認ください（表1）。

https://developers.google.com/apps-script/guides/services/quotas

▼表1 Google Apps Scriptの1日の割り当て（抜粋）

実行する処理	無料アカウント	Google Workspaceアカウント
カレンダーの予定作成	5,000 / 日	10,000 / 日
連絡先の作成	1,000 / 日	2,000 / 日
ドキュメントの作成	250 / 日	1,500 / 日
ファイル変換	2,000 / 日	4,000 / 日
1日のメール宛先数	100 / 日	1,500 / 日
メール読み書き（送信を除く）	20,000 / 日	50,000 / 日
グループの読込み	2,000 / 日	10,000 / 日
プレゼンテーション作成	250 / 日	1,500 / 日
プロパティの読み書き	50,000 / 日	500,000 / 日
スライドの作成	250 / 日	1,500 / 日
スプレッドシート作成	250 / 日	3,200 / 日
トリガーの合計実行時間	90 分 / 日	6 時間 / 日
Apps Script プロジェクト	50 / 日	50 / 日

Google Apps Scriptの実行に関わる制限は表2のとおりです。

こちらは無料アカウントとGoogle Workspaceアカウントの違いはありません。

▼表2　Google Apps Scriptに関する制限

項目	無料アカウント	Google Workspaceアカウント
スクリプト実行時間	6分 / 実行	6分 / 実行
カスタム関数実行時間	30秒 / 実行	30秒 / 実行
ユーザーあたりの同時実行数	30 / ユーザー	30 / ユーザー
スクリプト毎の同時実行数	1,000	1,000
メール添付ファイル数	250 / 通	250 / 通
メール本文のサイズ	200KB / 通	400KB / 通
メール1通あたりの宛先数	50 / 通	50 / 通
メール添付ファイルの合計サイズ	25MB / 通	25MB / 通
プロパティの値の容量	9KB / 値	9KB / 値
プロパティの合計保存容量	500KB / プロパティ	500KB / プロパティ
トリガー数	20 / ユーザー / スクリプト	20 / ユーザー / スクリプト
URL Fetchレスポンスサイズ	50MB / コール	50MB / コール
URL Fetchヘッダー数	100 / コール	100 / コール
URL Fetchヘッダーサイズ	8KB / コール	8KB / コール
URL Fetch POSTサイズ	50MB / コール	50MB / コール
URL Fetch URLの長さ	2KB / コール	2KB / コール

設計で制限を回避しよう

制限があるからといって諦める必要はありません。処理の設計の仕方で回避できることがほとんどです。

例えば、1回の実行時間が6分を超えそうなら、実行から5分経過したら一度処理を中断してスプレッドシートまたはスクリプトプロパティに処理結果を記録するように設計しておき、次のトリガー実行時には続きから再開する、というようなことが可能です。

　他にも、処理に時間のかかる命令をなるべく使わないようにする、という手法もあります。例えば、Google Apps Scriptによるスプレッドシートの読み込みと書き込み処理はとても時間がかかることが知られています。そこで、1行ずつ読み書きしていた処理を、複数行まとめて行うようにすると、処理時間の短縮が図れます。

　知恵を絞ってGoogle Apps Scriptの制限をうまく回避しましょう。

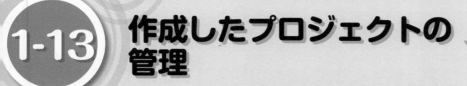

1-13 作成したプロジェクトの管理

Google Apps Scriptダッシュボード

最近は企業でもRPAが普及し始め、自動化が進んできた一方で、管理がされずに「野良ロボット」になってしまう問題も発生してきています。

自動化するとその作業がなくなるため、作った本人でもその存在を忘れてしまうことがあります。よかれと思ってつくったものが、いつの間にか悪さをしているという状況は避けたいですよね。

Google Apps Scriptでは、以下のURLにアクセスすると、ダッシュボードが表示され、自分のプロジェクトを確認することができます。

https://script.google.com

現在設定されているすべてのプロジェクトのトリガーや、実行結果を一覧で確認することができますので、Google Apps Scriptの実行状況を管理したり、使用していないトリガーを削除したりするのに役立ちます（画面1）。

▼画面1　Google Apps Scriptダッシュボード

定期的にチェックしてGoogle Apps Scriptを適切に管理しましょう。

第 2 章

コードの書き方

・・・・・・・・・・・・・・・・・・・

　本章ではコードに関する基本的なルールや用語などを説明していきます。Google Apps ScriptのベースであるJavaScriptを基礎から学んでいきましょう。

● JavaScriptの基本を学ぼう

Google Apps ScriptはJavaScriptをベースにしています。ここからはJavaScriptに関する基本的なルールや用語を説明していきます。

リスト1の例文では、「name」という変数を宣言して「太郎」という文字列を代入しています。

▼リスト1　変数の宣言と代入

```
let name = "太郎";
```

「変数」の「宣言」と「代入」は、後ほど変数の節で説明します。

ここで覚えておきたいJavaScriptのポイントは以下の2点です。

● 大文字と小文字を区別する

JavaScriptは大文字と小文字を区別します。

例えば、name と Name は別のものとして扱われます。

なお、命令文は半角英数字で入力してください。全角で命令文を書くとエラーが発生します。

● セミコロンで区切る

JavaScriptで**命令**は**文**（**ステートメント**）と呼ばれます。

それぞれの文はセミコロン(;)で区切られます。

1行に1文だけ書かれている場合、セミコロンは必須ではないのですが、意図しないバグを発生させないよう、文の後には常にセミコロンを記述しておきましょう。

まずは、大文字と小文字の区別と、文を区切るセミコロンがJavaScriptの基本です。

2-2 コメント

コメントとは

コードの中には、任意のコメントを入れられます。実行時は、コメント部分は無視されます。
コードの途中で備忘メモを残したいときや、バグを修正する際に元のコードを残しておく
（コメントアウトともいいます）ときに利用します。

また、複数人でコードを管理している場合などは、コードの意味や意図をコメントに残し
ておくと、他の人にもわかりやすいコードになります。

但し、一部に「ノイズになるからコメントは不要」と考える人もいますので、バランスを
見ながら、状況に応じて、予めルールを決めておくのもよいでしょう。

コメントの書き方

1行のみのコメントと、複数行のコメントの2つの書き方があります。

構 文 単一行コメントと複数行コメント

```
// 1行のコメント

/*  複数行の
    コメント
*/
```

複数行のコメントは入れ子にする（複数行コメントの内側に複数行コメントを入れる）こ
とができません。以下のようなコードはエラーになります。

構 文 複数行コメントは入れ子にできない

```
/*  複数行の
  /*  コメントは、
      入れ子には
  */
  できません。  // ここでコメントが解除されてしまいエラーになる
*/
```

Google Apps Scriptにはコメントのショートカットキーがあります。範囲を選択して Ctrl
キー + / キー（Macは Command キー + / キー）でコメントの有無を簡単に切り替えられま
す。簡単なのでぜひ試してみてください。

71

2-3 関数

● 関数とは

Google Apps Script（JavaScript）では、関数（かんすう）というものをつくって処理を実行させます。新規でGoogle Apps Scriptを作成したとき、すでに「function myFunction() { }」という文字が入力されていますね。これが関数です。

最初は空っぽになっている{ }の中に命令を入力していくことでいろんなことができるようになります。

構 文　最初から入力されている関数myFunction

```
function myFunction() {
  // ここに処理を書く
}
```

ところでみなさん、カレーライスをつくったことはありますか？
関数は、例えるなら「料理のレシピ」です。
もしカレーをつくる関数を書くならこんな感じになります（リスト1）。

▼リスト1　カレーをつくる関数ならこんなイメージ

```
function makeCurry() {
  // 肉と野菜を切る
  // お鍋で炒める
  // ルーを入れて煮る
  // ごはんとお皿に盛り付ける
}
```

関数名は自分で命名できます。上の例では「makeCurry」にしました。
残念ながら肉を切ったり鍋で炒めたりする命令はGoogle Apps Scriptにないのでカレーライスはつくれませんが、関数のイメージを掴んでいただければOKです。

変数とvar、let、const

変数とは

関数の次は変数（へんすう）について説明します。

変数は、箱です。変「数」という名前ですが、数値だけでなく、文字列やその他いろいろなものを入れられます（図1）。

図1 変数のイメージ

変数

"太郎"

値

変数名 → name

変数の宣言

変数を利用するときは最初に「変数を宣言」します。
JavaScriptでの変数の宣言は3種類あります。

> **構 文**
> ```
> var 変数名 = 値;
> let 変数名 = 値;
> const 変数名 = 値;
> ```

変数の命名ルール

変数名は**識別子**（しきべつし）とも呼ばれます。

識別子は、1文字目が文字、アンダースコア（_）、ドル記号（$）のいずれかで始まり、2文字目以降は数字も使用できるという命名ルールになっています。

● 変数に値を代入する

変数は宣言するだけでは中身が空っぽのただの箱です。

中にデータを入れることで処理に利用できるようになります。

変数に指定した値を入れることを「代入する」といいます（リスト1）。

▼リスト1　変数xに1を代入

```
const x = 1;
```

イコール（=）は「代入演算子」といって、右側の値を左側の変数に代入します。

上の文は、「変数xを宣言して、数値1を代入する」という命令文です。

● 文字列を代入する

リスト2の例のように文字（文字列）を代入するときは、シングルクォーテーション（'）
またはダブルクォーテーション（"）で囲います。

▼リスト2　変数に文字列を代入する例

```
const name = "太郎";
```

基本的にダブルでもシングルでもどちらでも大丈夫ですが、文字列として「'」「"」を使いた
いときは、使用しない方の文字で囲います（リスト3）。

▼リスト3　文字列内でシングルクォーテーション（'）を使う例

```
const message = "What's up?";
```

● var と let と const の違い

さて、変数の宣言には3種類あるという話をしましたが、それぞれ特徴があります。

特徴をまとめたのが表1です。

▼表1　var、let、constの特徴

	再代入	再宣言	スコープ
var	○	○	関数スコープ
let	○	×	ブロックスコープ
const	×	×	ブロックスコープ

再代入、再宣言、スコープという言葉が出てきましたね。それぞれ説明していきます。

変数の再代入

再代入は、既に代入した変数に別のものを代入することを言います（リスト4）。

▼リスト4　変数の再代入の例

```
let name = "太郎";
name = "花子";
```

varとletは再代入が可能なのに対してconstは再代入ができません。

再代入できないconst

constは、最初に代入したら再代入することができません。

letはフタが開いていて出し入れ可能な箱で、constは中身を入れた後にフタを閉めた箱というイメージです（リスト5）。

▼リスト5　constで宣言した変数の再代入はエラーになる

```
const name = "太郎";
name = "花子"; // エラーになる
```

変数の再宣言

既に宣言した変数と同じ名前の変数を宣言することを「再宣言」といいます。

varは再宣言できますが、letとconstは再宣言できません。再宣言しようとするとエラーになります（リスト6）。

▼リスト6　変数の再宣言

```
var name = "太郎";
var name = "花子";  // varは再宣言できる

let name = "太郎";
let name = "花子";  // letの再宣言はエラーになる
```

再宣言ができてしまう「var」は、誤って同じ変数を宣言してもエラーにならないためミスに気付きにくいというデメリットがあります。そのため、JavaScriptのプログラミングにおいて「var」は使用されなくなっています。

本書でも「const」と「let」を使用してコードを作成していますので、ここから先は「const」と「let」の特徴について詳しく説明していきます。

スコープとは

スコープとは、変数を参照できる範囲のことです。JavaScriptでは、変数のスコープ（参照可能な範囲）の外側から変数を参照することができません。

letとconstは中括弧（波括弧 ‖）で囲われた「ブロック」の内側が参照可能な範囲となります（ブロックスコープ）。

ブロックとは、複数の文をグループ化するために中括弧（波括弧 ‖）を使って文を囲ったものです。

letとconstはブロックスコープですので、宣言されたブロック ‖ の中でのみ使用でき、ブロックの外からは参照できません（リスト7）。

▼リスト7　letは宣言したブロックの外から参照できない

```
function letTest() {
  {
    let name = "太郎";
  }
  console.log(name);  // ブロック外なのでエラーになる
}
```

constを使うべきかletを使うべきか

再代入できるletと再代入できないconst、どちらをどのように使うべきでしょうか。

結論としては、なるべくconstを使い、途中で再代入することがある場合のみletを使うことをおすすめします。

変数宣言にconstを使用することによって、意図せず再代入された場合はエラーが発生します。letだと意図しない再代入があってもそのままスルーされてしまいますので、その時点では気づかず、後続の処理で不具合が発生することになります。constにしておいた方が、代入しようとしたタイミングでエラーが出るので、不具合の原因を特定しやすくなるでしょう。

コラム

constは中身を変えられないわけではない

・・・

　constは再代入ができないだけで、例えばconstで宣言した変数の中身が配列やオブジェクトの場合、その中身となる要素は変更が可能です。配列やオブジェクトについては後ほど説明しますので、「constは再代入できないけど中の要素は変えられる」ことを頭の片隅に入れておいてください。

コラム

昔はvarしか使えなかった

・・・

　Google Apps Scriptは2020年2月以降、letが使用できるようになり、constも仕様が変わって現在の状態になりました。

　2020年2月よりも前に執筆され、その後に改訂されていないGoogle Apps Script関連の書籍やブログ記事などでは変数をすべてvarで宣言しているはずです。逆に、2020年2月以降に執筆された書籍やブログはvarを使わずにletやconstで宣言されていることが多いです。

　なお、ChatGPTで特に指定せずコードを書かせると、ほぼ100%、「var」を使ったコードが生成されてしまいます。そのため、ChatGPTに依頼するときは「変数の宣言はletとconstを使用して」と指示しておきましょう。

2-5 配列

配列とは

変数は1つの箱でした。JavaScriptでは、箱を順番にくっつけた「配列（はいれつ）」という集合体をつくることもできます。

順番に繰り返す処理をしたい時などに利用できます（図1）。

図1 配列は順番に並んだ変数の集合体

配列

リンゴ　みかん　バナナ　イチゴ

配列 fruits

0　1　2　3

要素の番号
0から始まる

配列のつくり方

配列の生成方法はいくつかあります。

次の文はどれも配列を生成する構文です。

構文

```
const array = new Array(0番目の要素, 1番目の要素, ..., n番目の要素);
const array = Array(0番目の要素, 1番目の要素, ..., n番目の要素);
const array = [0番目の要素, 1番目の要素, ..., n番目の要素];
```

配列へのデータ追加

宣言した配列に要素の番号を指定して配列にデータを追加することができます（リスト1）。

▼**リスト1　配列の作成と要素の格納**

```
const members = []; // 空っぽの配列を生成
members[0] = '太郎'; // 0番目の要素に値を代入
members[1] = '一郎'; // 1番目の要素に値を代入
```

```
members[2] = '二郎'; // 2番目の要素に値を代入
console.log(members[0]); // 太郎
console.log(members); // ['太郎','一郎','二郎']
```

ちなみに、変数の節で説明したように、constで宣言した配列でも要素は追加や再代入ができます。

配列のメソッド

配列は、メソッドといわれる関数を使用して、要素を追加したり、要素を並べ替えたり、といった、さまざまな処理ができます。その中でもよく使う便利なメソッドを紹介します。

配列名.concat()

配列に他の配列や値をつないで新しい配列を返します（リスト2）。

▼リスト2　配列名.concat()のサンプル

```
const array1 = ['子ブタ','タヌキ'];
const array2 = ['キツネ','ネコ'];
const array3 = array1.concat(array2); // 配列をつなげて新しい配列を作る
console.log(array3); // [ '子ブタ', 'タヌキ', 'キツネ', 'ネコ' ]
```

配列名.push()

1つ以上の要素を配列の最後に追加します（リスト3）。

▼リスト3　配列名.push()のサンプル

```
const array = [ '子ブタ', 'タヌキ' ];
array.push('キツネ'); // 配列の最後に要素を追加
console.log(array); // [ '子ブタ', 'タヌキ', 'キツネ' ]
```

配列名.unshift()

1つ以上の要素を配列の先頭に追加します（リスト4）。

▼リスト4　配列名.unshift()のサンプル

```
const array = [ 'タヌキ','キツネ' ];
array.unshift('子ブタ'); // 配列の先頭に要素を追加
console.log(array); // [ '子ブタ', 'タヌキ', 'キツネ' ]
```

● **配列名.reverse()**

配列の中の要素を逆順に並べ替えます（リスト5）。

▼リスト5　配列名.reverse()のサンプル

```
const array = [ '子ブタ', 'タヌキ','キツネ' ];
array.reverse(); // 配列を逆順に並べ替え
console.log(array); // [ 'キツネ', 'タヌキ', '子ブタ' ]
```

● **配列名.sort()**

配列を文字順で並べ替えします。括弧（）内に並べ替え順を定義する関数を指定することができます。括弧（）に何も入れない場合は、配列の要素は文字列に変換され、文字コード順に並べ替えられます（リスト6）。

▼リスト6　配列名.sort()のサンプル

```
const array = [ '子ブタ', 'タヌキ', 'キツネ', 'ネコ' ];
array.sort(); // 配列を文字順に並べ替え
console.log(array); // [ 'キツネ', 'タヌキ', 'ネコ', '子ブタ' ]
```

日本語の場合の文字順は、ひらがな→カタカナ→漢字となるので、子ブタが最後になっています。

● 多次元配列

配列の要素に、さらに配列を含めることができます。

Google Apps Scriptではスプレッドシートにある複数のセルを扱うときに2次元配列を使用します。

例えば、画面1のようなシートで選択した部分（A1:C3）のデータを取得するとリスト7のような2次元配列になります。

▼**画面1　スプレッドシートの選択範囲**

	A	B	C	D
1	A1	B1	C1	
2	A2	B2	C2	
3	A3	B3	C3	
4				

選択されたセル範囲の
要素が各行であり
行の要素が
1つひとつのセルだね

▼**リスト7　シートから取得した2次元配列のイメージ**

```
[
  [ 'A1', 'B1', 'C1' ], // 1行目
  [ 'A2', 'B2', 'C2' ], // 2行目
  [ 'A3', 'B3', 'C3' ] // 3行目
];
```

　全体の配列の中に、行ごとのセルの値が並んだ配列が1行ずつ入っていますね。Google Apps Scriptではこのような2次元配列に対して繰り返し文などを使って処理していくことが多いです。ぜひイメージを掴んでおいてください。

2-6 オブジェクト

オブジェクトとは

　JavaScriptはオブジェクト指向言語ともいわれています。そのためJavaScriptではオブジェクトを理解することがとても重要です。しかし、初心者にはなかなか難しいところでもありますので、100%理解できなくても大丈夫です。ここではまずざっくりとしたイメージを掴んでください。

　オブジェクトは**連想配列**と呼ばれることもあり、配列とイメージが似ています。配列は「番号」のついた箱の集まりでしたが、オブジェクトは「名前」のついた箱の集まりです（図1）。

図1　オブジェクトのイメージ

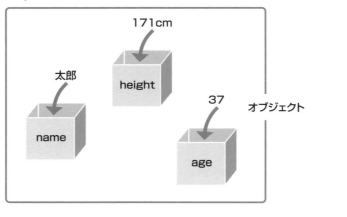

オブジェクトの作成

　オブジェクトの作成方法はいくつかありますが、一番簡単なものを紹介します。
　配列は角括弧 ［ ］ でしたが、オブジェクトは中括弧 ｛ ｝ で記述します。

構　文　空のオブジェクトを定義

```
const object= {};
```

　とても簡単ですね。しかし、これでは中身が空っぽなので、中身を入れて作成してみましょう。

　今回は個人に関する情報を入れるので、オブジェクト名もわかりやすいようにpersonにしてみます（リスト1）。

▼**リスト1　中身を入れてオブジェクトを生成する**

```
const person = {
  name: '太郎',
  age: 37,
  height: '171cm'
}
```

　いままでのイコール（=）を使った代入と違い、コロン（:）を使用するちょっと特殊な書き方ですね。詳しく見ていきましょう。

オブジェクトのプロパティ

　オブジェクトの中括弧 || の中には、「名前（キー）:値」という形式でデータを格納できます。これを**プロパティ**といいます。プロパティが複数ある場合はカンマで区切ります。

　オブジェクトはプロパティの集まりであり、プロパティは名前（キー）と値の関連付けで成り立っています。
　リスト1の例では、名前、年齢、身長のプロパティが入ったオブジェクトを定義しました。

プロパティにアクセスする（ドット記法とブラケット記法）

　生成したオブジェクトに後からプロパティを追加することもできます。

　プロパティを記述する方法には、ドットでつなげる**ドット記法**と角括弧[]を使う**ブラケット記法**の2種類があります（リスト2）。

▼**リスト2　ドット記法とブラケット記法**

```
person.height = '171cm'; // ドット表記法
person ['体重'] = '58kg'; // ブラケット表記法
console( person.height ); // 171cm
console( person ['体重'] ); // 58kg
```

　ブラケット記法を使えば、キーに日本語（全角文字）を使用することもできます。
　また、オブジェクトのプロパティには、配列やオブジェクトも入れられます（リスト3）。

▼リスト3　オブジェクトのプロパティには配列やオブジェクトも入れられる

```
const person = {
  name: '太郎',
  pets: [ '子ブタ', 'タヌキ', 'キツネ' ], // 配列
  place: { pref: '千葉県', city: '松戸市' }, // オブジェクト
}
console.log( person.pets[1] ); // タヌキ
console.log( person.place.pref ); // 千葉県
```

オブジェクトのメソッド

さらに、オブジェクトには、プロパティのような値のほかに、関数も入れることができます。オブジェクトに関連付けられた関数を**メソッド**といいます。メソッドはオブジェクトの持っているデータを使用して処理を実行できます。

次のリスト4の例のように、オブジェクト名.メソッド名() でメソッドを実行することができます。

▼リスト4　オブジェクトのメソッド

```
const person = {
  name: '太郎',
  greeting: function(){ console.log("私は" + this.name + "です") }
}
person.greeting(); // 私は太郎です
```

配列とオブジェクトの使い分け

配列では要素番号の「数字」によって値にアクセスできましたが、オブジェクトはキーとなる「文字列」によって値にアクセスできます。よく似ているようにも見える配列とオブジェクトですが、スクリプトの中で利用するときには、どう使い分ければよいでしょうか。

結論としては、同じ種類の要素を順番に並べるときは配列を、種類の異なるものを1つにまとめるときはオブジェクトを使うとよいでしょう（リスト5）。

▼リスト5　配列とオブジェクト

```
// 配列
const names = ["一郎","二郎","三郎"];
// オブジェクト
const team = {
  owner: "一郎",
  master: "二郎",
  member: "三郎"
}
```

　繰り返し処理に利用したい場合は、配列にしておくと扱いやすくなります。一方で、オブジェクトは意味を持つ文字列でアクセスできるのでコードがわかりやすく（読みやすく）なります。

　実際にスクリプトを書くときには、配列の中にオブジェクトを格納することもよくあります（リスト6）。配列とオブジェクトのそれぞれの良さを考えながら使い分けられるといいですね。

▼リスト6　配列の中にオブジェクトを入れると扱いやすい

```
const teams = [
  { name: "チームSS", manager: "春子", sales: "夏子" },
  { name: "チームAW", manager: "秋子", sales: "冬子" }
];
console.log( teams[0].sales ); // 夏子
```

関数から関数を呼び出す

ここで再び関数の話に戻りましょう。

関数の説明では、例としてカレーライスをつくるレシピのイメージで関数をつくりましたが、カレーライスをつくるなら、炊飯器でごはんも炊きますよね。

カレーライスをつくる処理の中にごはんの炊き方を追加してもいいのですが、そうすると、他のごはんを使う料理のレシピにも毎回ごはんの炊き方が登場してしまってなんだか効率が悪そうです。

そんな時は、ごはんを炊く処理を別の関数にします。そして、カレーを作る関数からごはんを炊く関数を呼び出すことができます（リスト1）。

▼リスト1　ごはんを炊く関数を呼び出すイメージ

```
// カレーライスを作る関数
function makeCurry() {
    // お米1合（150g）でごはんを炊く
    const rice = 150;
    const boiledRice = cookRice( rice );
    // 肉と野菜を切る
    // お鍋で炒める
    // ルーを入れて煮る
    // ごはんとお皿に盛り付け
  }
// ごはんを炊く関数
function cookRice( weight ){
// お米の炊き上がりの重さ（2.2倍）を返す
  return weight * 2.2;
}
```

引数（ひきすう）

関数makeCurryの中で関数cookRiceを呼び出しています。

このとき、括弧の中にある変数riceの値（中身は150）を関数cookRiceに渡しています。

呼び出された先の関数cookRiceは、150という値を変数weightに入れて受け取ります。

このように関数を呼出すときに括弧（）の中に値を入れて、呼び出された先の関数に値を渡すことができます。これを「引数（ひきすう）」といいます。

引数はカンマ（,）で区切って複数の値を渡すことも可能です（リスト2）。

▼リスト2　引数はカンマ（,）で区切って複数の値を渡すことができる

```
function makeCurry() {
  const boiledRice = cookRice( 150, "白米" );
  // 処理
}
function cookRice( weight, type ){
  // typeが"白米"ならxに2.2を代入
  const x = ( type === "白米" ) ? 2.2 : 1.8;
  return weight * x;
}
```

受ける側の引数の名前は何でもよいですが、複数の引数を渡す場合は、順番が重要です。順番どおりに格納されます。

なお、渡す側と受ける側で引数の数を一致させなくてもエラーにはなりません。

ポイント

- 引数はカンマで区切って複数の引数を渡せる
- 引数を複数渡すときは順番が重要
- 引数の数が一致しなくてもエラーにはならない

戻り値とreturn文

呼び出す関数から呼び出される関数に渡すのが引数でしたが、逆に呼び出された関数から呼び出した関数に渡す値を「戻り値（もどりち）」といいます。このときに使用するのがreturn文です。

関数cookRiceの最後にあるのがreturn文です。

先ほどのサンプルスクリプトでは、関数cookRiceは、このreturn文でweightの2.2倍の数値を呼出し元の関数makeCurryに戻しています。これによって関数makeCurryの変数boiledRiceには、150の2.2倍である330の数値が入ります。

戻り値は一つしか返せない

引数はカンマで区切って複数を指定できるのですが、戻り値はreturnの後に1つしか指定できません。だからといって不便ということはあまりありません。少しだけ手間ですが、配列やオブジェクトにまとめてしまえば良いのです。

荷物は1つまでと言われたら、大きめのスーツケースに全部詰め込んでしまえばよいわけですね。

なお、戻り値が必要ない場合は省略しても問題ありません。

return文の後は処理されない

return文は強制的に関数の処理を終了させます。return文の後にコードを書いていたとしても実行されません（リスト3）。

▼リスト3　return文の後は処理されない

```
function calledFunction( name ){
  const newName = name + 'さん';
  return newName;
  console.log( newName + 'こんにちは'); // この文は実行されない
}
```

まとめ

呼び出す時に渡されるのが引数、呼び出された関数から戻されるのが戻り値です（図1）。

図1　引数と戻り値のイメージ

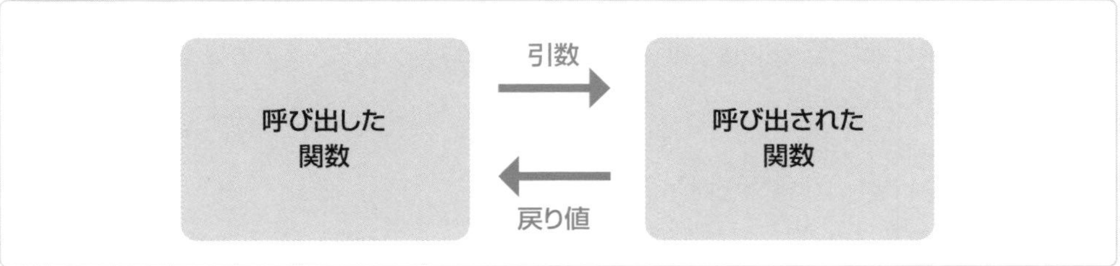

2-8 式と演算子

演算子とは

JavaScriptでは、さまざまな処理や計算（＝演算）ができます。

ここでは、演算をするために使用する**演算子**（えんざんし、**オペレータ**）について紹介します。

ちなみに、変数は、演算子によって演算される側という意味で、**被演算子**（ひえんざんし、**オペランド**）と呼ばれます。

例えば、「1+2」という式があったら、演算の命令である「+」が演算子、演算に使われる「1」と「2」が被演算子です（図1）。

図1   演算子（オペレータ）と被演算子（オペランド）

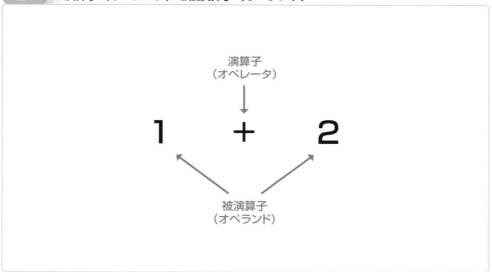

演算子
（オペレータ）

1 + 2

被演算子
（オペランド）

ちょっと雑な言い方をすると、演算子は「記号」です。JavaScriptで使われるさまざまな記号とその意味を1つずつ見ていきましょう。

算術演算子

算術演算子は数値の計算に使用します。算数や数学と同じように四則演算（加減乗除）ができるほか、除算した余りを計算する剰余（%）もあります（リスト1）。

▼リスト1　四則演算（加減乗除と剰余）

```
const a = 5;
const b = 2;
console.log( a + b); // 7 ( 5 + 2 = 7 )
console.log( a - b ); // 3 ( 5 - 2 = 3 )
console.log( a * b ); // 10 ( 5 * 2 = 10 )
console.log( a / b ); // 2.5 ( 5 / 2 = 2.5 )
console.log( a % b ); // 1 ( 5を2で割り算した余り)
```

また、**インクリメント**（++）や**デクリメント**（--）という繰り返しの処理で重宝する算術演算子もあります（リスト2）。

x++ は x = x + 1 と同じで、x-- は x = x - 1 と同じです。

▼リスト2　インクリメントとデクリメント

```
let x = 0;
x++; // インクリメント
console.log( x ); // 1
x--; // デクリメント
console.log( x ); // 0
```

代入演算子

代入演算子の右にある値を左にある変数・定数に代入します。

イコール（=）を使用した簡単な代入演算子は既に説明しました。そのほかにも、さまざまな代入演算子があります（表1）。

▼表1　代入演算子

演算子	演算子の名称	使い方	意味
=	代入演算子	x = y	x = y
+=	加算代入演算子	x += y	x = x + y
-=	減算代入演算子	x -= y	x = x - y
*=	乗算代入演算子	x *= y	x = x * y
/=	除算代入演算子	x /= y	x = x / y
%=	剰余代入演算子	x %= y	x = x % y

比較演算子

比較演算子は右と左の値を比較して、その結果が**真**（true）であるか**偽**（false）であるかを返します（表2）。

▼**表2　比較演算子**

演算子	説明	true を返す例
等価 (==)	等しい場合に true を返します。	
不等価 (!=)	等しくない場合に true を返します。	
厳密等価 (===)	等しく、かつ同じ型である場合に true を返します。	
厳密不等価 (!==)	等しくない、または同じ型でない場合に true を返します。	
より大きい (>)	左が右よりも大きい場合に true を返します。	
以上 (>=)	左が右以上である場合に true を返します。	
より小さい (<)	左の値が右の値よりも小さい場合に true を返します。	
以下 (<=)	左の値が右の値以下である場合に true を返します。	

等価と厳密等価の違い

JavaScriptでは、数値と（数字からなる）文字列を比較するような場合、比較に適した型に変換しようとします。これは便利な機能ではあるのですが、型もあっているのかまで厳密に確かめたいときもあります。

厳密等価では、比較に適した型への変換をしません。型が違う（数値と数字の文字列）場合はfalseを返します（リスト3）。

▼**リスト3　等価と厳密等価、不等価と厳密不等価**

```
// 等価
console.log( 3 == '3' ); // true
// 厳密等価
console.log( 3 === '3' ); // false
// 不等価
console.log( 3 != '3' ); // false
// 厳密不等価
console.log( 3 !== '3' ); // true
```

論理演算子

論理演算子は、3種類あります。複数の式を同時に判定させたいときに左側の値と右側の値を用いて真（true）偽（false）を返します。

比較演算子を複数使って条件文をつくりたい場合に使います。

&& (論理AND) 演算子

&&演算子は簡単に言うと、演算子の左の値と右の値の両方がtrueならtrueを返します。

厳密に言うと、左の値をfalseと見ることができれば左の値を返します。左の値をtrueと見ることができれば右の値を返します（リスト4）。

▼リスト4　&&演算子の例

```
console.log( true && true ); // true
console.log( false && true ); // false
console.log( true && false ); // false
console.log( false && false ); // false
console.log( 3 === 3 && 5 === 5 ); // true
```

|| (論理OR) 演算子

||演算子は簡単に言うと、演算子の左の値と右の値のどちらかがtrueならtrueを返します。

厳密に言うと、左の値をtrueと見ることができれば左側の値を返します。左の値をfalseと見ることができれば右の値を返します（リスト5）。

▼リスト5　||演算子の例

```
console.log( true || true ); // true
console.log( false || true ); // true
console.log( true || false ); // true
console.log( false || false ); // false
console.log( 3 === 4 || 5 === 5 ); // true
```

&&演算子と||演算子が返すのはtrueとfalseだけじゃない

さて、説明が少し回りくどい言い方になっていますが、&& および || 演算子は常にtrueかfalseを返すものではなく、実際には左右の値のうちどちらかの値を返しています。

また、どちらも左から右の順に評価されます。

1
2
3
4

このあたりは少し難しいので詳しくわからなくても問題ありません。

ただ、このあたりが理解できてくると、多様なコードの表現ができるようになり、プログラミングが楽しくなります。次のリスト6に例文を書いておきますので、まずはなんとなくイメージを掴んでみてください。

▼リスト6　&&演算子と||演算子が返す値

```
// &&演算子 → 左がfalse（偽値）と見ることができれば右は評価されない
console.log( 'ネコ' && 'イヌ' ); // イヌ（左が真値なので右を評価し'イヌ'を返した）
console.log( true && 'イヌ' ); // イヌ（左が真値なので右を評価し'イヌ'を返した）
console.log( false && 'イヌ' ); // false（左が偽値なので'イヌ'は評価されない）

// ||演算子 → 左がtrue（真値）と見ることができれば右は評価されない
console.log( 'ネコ' || 'イヌ' ); // ネコ（左が真値なので右は評価されない）
console.log( true || 'イヌ' ); // true（左が真値なので右は評価されない）
console.log( false || 'イヌ' ); // イヌ（左が偽値なので右を評価し'イヌ'を返した）
```

● !（論理NOT）演算子

単一の演算対象の左側に「!」を置いて判定を反転させます。

演算対象となる値をtrueと見ることができる場合はfalseを返し、そうでない場合はtrueを返します（リスト7）。

▼リスト7　!演算子の例

```
console.log( !true ); // false
console.log( !false ); // true
console.log( !"ネコ" ); // trueの反対なのでfalse
console.log( !( "ネコ" == "イヌ" ) ); // falseの反対なのでtrue
```

コラム

TruthyとFalsy

● ●

　論理演算子の説明では、「○○と見ることができる値」という表現をしましたが、JavaScriptでは、trueと見ることができる値をTruthy、falseと見ることができる値をFalsyといいます。trueとfalseのそれぞれにyをつけて形容詞化したような呼び方です。

　どのような値がTruthyで、どのような値がFalsyかを把握することで、後ほど出てくるif文の条件分岐なども正しく使えるようになります。全部を覚えておく必要はありませんが、必要なときに確認してみてください。

【Truthyな値の例】
・true
・{} (オブジェクト（内容が空っぽのものを含む）)
・[] (配列（内容が空っぽのものを含む）)
・42 (0以外の数値)
・"0" (「0」という文字列)
・"false" (「false」という文字列)

【Falsyな値の例】
・false
・null (オブジェクトの値が存在しないことを示す値)
・undefined (未定義値)
・0 (数値0)
・NaN (非数 (Not-A-Number)を表す値)
・"" (空の文字列)

文字列演算子

　文字列演算子は、文字列に対して使用できる演算子です。

　2つの文字列を結合する結合演算子 (+) のほか、代入演算子で説明した加算代入演算子 (+=) も文字列の結合に使用できます（リスト8）。

▼リスト8　文字列演算子を使う

```
const name = "太郎";
let message = name + "さん、";
message += "おはようございます！";
console.log(message); // 太郎さん、おはようございます！
```

2-9 if…else文（条件分岐）

条件分岐とは

例えば、カレーを作るときに、「ニンジンの直径が3センチ以上だったら半月切り、3セン
チ未満だったら輪切りにしたい。」と考えることがあると思います（リスト1）。

条件によって処理を変えるには条件文を使用します。

条件文には、if…else文とswitch文がありますswitch文はif…else文で代用できるので、こ
こではif…else文について説明します。

基本的な構文は次のとおりです。

構　文

```
if （条件式） {
  // 条件式が真の場合の処理
} else {
  // 条件式が偽の場合の処理
}
```

▼リスト1　簡単なif…else文

```
const size = 4;
if( size > 3 ){
  console.log("半月切り");
} else {
  console.log("輪切り");
}
```

elseを省略してifのみで使用することもできます（リスト2）。

▼リスト2　elseは省略してifのみで使える

```
if( age === 60 ){
  console.log("還暦"); // 還暦
}
```

さらに、ここまでif文の処理を中括弧 { } で囲んでいましたが、処理が1文のみの場合は中
括弧 { } を省略できます（リスト3）。

```
if( age === 60 ) console.log("還暦"); // 還暦
```

if…else文の連続

条件が複数ある場合は、if…else文を連続で使うことで対応できます（リスト4）。

▼リスト4　if…else文を連続で使う

```
const score = 85;
if( score === 100 ){
  console.log("満点です");
} else if( score > 80 ){
  console.log("合格です");
} else {
  console.log("不合格です");
}
```

条件（三項）演算子

if…else文とよく似たものとして、条件（三項）演算子というものがありますので紹介します（リスト5）。条件演算子は、条件に基づいて2つの値のうち1つを選択して左項の変数に返します。

条件がTruthy（真値）であれば値1を返し、Falsy（偽値）であれば値2を返します。

構　文

```
条件 ? 値1 : 値2
```

▼リスト5　条件（三項）演算子のサンプル

```
const ampm = ( hour < 12 ) ? "午前" : "午後" ;
```

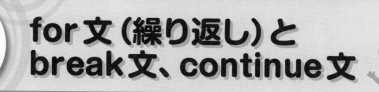

2-10 for文（繰り返し）と break文、continue文

繰り返しの基本はfor文

同じことを繰り返し処理する場合は、for文を使ってループをつくります。繰り返し処理（反復処理）にはいくつも種類があるのですが、基本のfor文さえ抑えておけば汎用的に使えます。

for文の使い方

基本的なfor文の構文は次のとおりです（表1）。

```
構文
for(初期化式; 条件式; 増減式){
    // 条件式がtrueの場合に実行される処理
}
```

▼表1　for文の3つの式

初期化式	カウンタ変数（カウントのために使用する変数）を初期化します。
条件式	ループを反復する前に評価される条件。この式がtrueに評価されれば処理が実行され、falseなら繰り返し処理が終了します。
増減式	ループの各反復の終わりに評価される式。カウンタ変数を更新します。

構文の説明だけを見ていても、わかりにくいですよね。実際のコードを見た方がわかりやすいと思いますので、5回処理を繰り返すfor文のサンプルを見てみましょう（リスト1）。

▼リスト1　5回繰り返すfor文

```
function myFunction() {
  for( let i=0; i<5; i++ ){
    console.log( i + "回目" );
  }
}
```

forの括弧の中にある「let i=0; i<5; i++」は、「カウンタ変数iを宣言して初期値を0とし、iが5未満の場合は処理を実行して、実行後はiに1を足す」という命令です。
カウンタ変数は慣習的にiを使用しますが、任意の名前にしてもかまいません。
実行結果（ログ）は画面1のようになります。

▼**画面1　実行結果**

実行ログ		
13:22:06	お知らせ	実行開始
13:22:06	情報	0回目
13:22:06	情報	1回目
13:22:06	情報	2回目
13:22:06	情報	3回目
13:22:06	情報	4回目
13:22:06	お知らせ	実行完了

0回目〜4回目が
出力されたね

　0を初期値にしているので、0回目から4回目の計5回繰り返されました。
　処理結果の文字列を1回目〜5回目にしたい場合は、以下のようにカウンタ変数iの初期値を1にして、条件式をi<=5にすることで実現できます（リスト2、画面2）。

▼**リスト2　1から始めるfor文**

```
function myFunction() {
  for( let i=1; i<=5; i++ ){
    console.log( i + "回目" );
  }
}
```

▼**画面2　実行結果**

実行ログ		
13:23:32	お知らせ	実行開始
13:23:32	情報	1回目
13:23:32	情報	2回目
13:23:32	情報	3回目
13:23:32	情報	4回目
13:23:32	情報	5回目
13:23:32	お知らせ	実行完了

こっちの方が
しっくりくるね

　for文は配列との相性が良いです。条件式に配列の個数を取得する.lengthを使うと配列の要素数が変わっても柔軟に対応できます（リスト3、画面3）。

▼リスト3　条件式に配列.lengthを使用したfor文

```
function myFunction() {
  const brothers = ["一郎", "二郎", "三郎"];
  console.log( "要素の数:" + brothers.length ); // 要素の数: 3
  for( let i=0; i<brothers.length; i++ ){
    console.log( brothers[i] );
  }
}
```

　ここでのfor文は「カウンタ変数iを宣言して初期値を0とし、iがbrothersの要素数より小さい場合は処理を実行し、実行後はiに1を足す」という命令になっています。

▼画面3　実行結果

実行ログ		
16:21:36	お知らせ	実行開始
16:21:36	情報	要素の数:3
16:21:36	情報	一郎
16:21:36	情報	二郎
16:21:36	情報	三郎
16:21:36	お知らせ	実行完了

要素の数だけ繰り返し処理が実行されたね

for … of文

　配列の繰り返し処理を行う場合には、for…of文も便利ですので紹介します。

　for…of文は、forに続く括弧の中に、「let 変数名 of 配列名」という形式で記述します。こうすることで配列の要素を1つずつ順番に変数に代入して処理を実行できます。

　先ほどの例をfor…of文で書くとリスト4のようになります。

▼リスト4　for…of文を使う

```
const brothers = ["一郎", "二郎", "三郎"];
for( let brother of brothers ){
  console.log( brother );
}
```

カウンタ変数を使い「brothers[i]」のように配列の要素を指定していた部分が、「brother」だけで要素を取得できるようになりました。コードもスッキリして少し読みやすくなった感じがしますね。

break文

繰り返し処理の中で、処理を途中で中断したい時もあると思います。そのようなときは、break文を使います。さっそくサンプルを見てみましょう（リスト5）。

▼**リスト5　break文で繰り返し処理を中断する**

```
function myFunction() {
  for( let i=0; i<10; i++ ){
    if( i === 5 ) break;
    console.log( i );
  }
}
```

こちらのfor文は、「カウンタ変数iの初期値を0とし、iが10未満なら処理をして、処理後にiに1を加算する」という命令なので、そのままであれば10回処理されるはずですが、iが5のときにbreak文によって途中でループを抜けますので、その後の処理は実行されません（画面4）。

▼**画面4　実行結果**

実行ログ		
16:22:49	お知らせ	実行開始
16:22:49	情報	0
16:22:49	情報	1
16:22:49	情報	2
16:22:49	情報	3
16:22:49	情報	4
16:22:49	お知らせ	実行完了

iが5になったときログを出力する前にループを抜けたんだね

continue文

　繰り返しの途中で処理を中断し、繰り返し処理を終了するのがbreak文でした。これに対して、繰り返しの途中で処理を中断し、次の繰り返し処理に進むのがcontinue文です。

　continue文は、break文と違って、繰り返し処理自体は終了しません。こちらもサンプルから見てみましょう（リスト6）。

▼**リスト6　途中でやめて次に進むcontinue文**

```
function myFunction() {
  for( let i=0; i<10; i++ ){
    if( i === 5 ) continue;
    console.log( i );
  }
}
```

　さきほど break文の説明で使用したスクリプトの「break」の部分を「continue」に書き換えてみました。
　カウンタ変数iが5のときだけ後の処理（ログ出力）が実行されていないのがわかります（画面5）。

▼**画面5　実行結果**

実行ログ		
16:23:33	お知らせ	実行開始
16:23:33	情報	0
16:23:33	情報	1
16:23:33	情報	2
16:23:33	情報	3
16:23:33	情報	4
16:23:33	情報	6
16:23:33	情報	7
16:23:33	情報	8
16:23:33	情報	9
16:23:33	お知らせ	実行完了

iが5になったときログを出力する前に次の繰り返しに進んだね

標準ビルトインオブジェクト
とDateオブジェクト

標準ビルトインオブジェクト

JavaScriptには、文字列や数値、日付、配列などさまざまな処理を行うためのオブジェクトがいくつも用意されていて、これらは**標準ビルトインオブジェクト**と呼ばれます。

標準ビルトインオブジェクトの中でもGoogle Apps Scriptを使っていく上で重要なオブジェクトの1つに、日付や時間を扱うDateオブジェクトがありますのでここで紹介します。

Dateオブジェクトとは

Dateオブジェクトは、JavaScriptで日時を扱うためにあらかじめ用意されているオブジェクトです。現在日時を取得したり、任意の日時を設定したりできます。

Dateオブジェクトの使い方

最初にDateオブジェクトを生成します。
現在の日時でDateオブジェクトを生成する場合は以下のようにします。

```
let date = new Date();
```

日付や時刻を指定する場合は、以下のように括弧の中に決められた形式でデータを入れて生成します。

```
date = new Date('2015-04-15T16:24:30'); // 2015年4月15日16時24分30秒
date = new Date(2015, 3, 15); // 2015年4月15日 0時 0分 0秒
date = new Date(2015, 3, 15, 16, 24, 30); // 2015年4月15日16時24分30秒
```

なお、JavaScriptの場合、月は0から始まりますので、4月にしたいときは、4から1を引いて3を指定します。

Dateオブジェクトのメソッド

続いて、生成した日時の情報にアクセスしてみましょう。Dateオブジェクトにはさまざまなメソッドが用意されています（リスト1、画面1）。

▼リスト1　Dateオブジェクトのメソッドを利用する

```
function myFunction() {
  const today = new Date(); // Dateオブジェクトの生成
  const year = today. getFullYear(); // 年
  const month = today.getMonth() + 1; // 月（1を足す）
  const date = today.getDate(); // 日
  const hour = today.getHours(); // 時
  const min = today.getMinutes(); // 分
  const sec = today.getSeconds(); // 秒
  console.log(`${year}年${month}月${date}日 ${hour}時${min}分${sec}秒`);
}
```

▼画面1　実行結果

実行ログ		
16:38:46	お知らせ	実行開始
16:38:47	情報	2024年1月6日 16時38分47秒
16:38:47	お知らせ	実行完了

一つひとつメソッドを使うと手間がかかるね

指定した形式で文字列にする

先の例のように、JavaScriptで日時をきれいな文字列にすることは少し手間がかかるものなのですが、Google Apps Scriptでは簡単に指定したフォーマットの文字列にする方法があります。

構 文

```
Utilities.formatDate(Dateオブジェクト, タイムゾーン, 任意のフォーマット);
```

任意のフォーマットに利用できる文字をまとめました（表1）。

▼表1 フォーマットで指定できる文字列と要素

文字	要素
y	年
M	月
d	日
E	曜日
H	時 (0-23) 24時間制
h	時 (1-12) 12時間制
a	AM/PM
m	分
s	秒
S	ミリ秒
z	タイムゾーン

さっそくこちらを使って日時の文字列を整えてみましょう（リスト2、画面2）。

▼リスト2 Utilities.formatDateを使う

```
function myFunction() {
  const today = new Date();
  const dateStr = Utilities.formatDate(today, 'Asia/Tokyo' , 'y年M月d日H
    時m分s秒');
  console.log( dateStr );
}
```

▼画面2 実行結果

実行ログ		
16:39:24	お知らせ	実行開始
16:39:24	情報	2024年1月6日16時39分24秒
16:39:24	お知らせ	実行完了

さっきよりも簡単に日付の文字列を取得できたね

2-12 文字列の改行コードとテンプレートリテラル

複数行の文字列を扱う

　文字列は、これまでシングルクォーテーション（'）とダブルクォーテーション（"）を使う方法を紹介してきました。

　ここでは複数行の文字列をつくるために必要な改行コードとテンプレートリテラルを紹介します。

改行コード

　文字列を改行したいときは、バックスラッシュ（\）と小文字のnを使って「\n」と記述します（リスト1、画面1）。

▼リスト1　改行コードを使う

```
function myFunction() {
  const message = "こんにちは。\n今日はいい天気ですね。";
  console.log( message );
}
```

▼画面1　実行結果

改行コードの場所で改行されているね

実行ログ		
16:32:07	お知らせ	実行開始
16:32:07	情報	こんにちは。 今日はいい天気ですね。
16:32:07	お知らせ	実行完了

テンプレートリテラル

　改行コードを使えば複数行の文字列を作成できますが、スクリプト上では改行されないため少し見づらいですよね。

　次に紹介する「テンプレートリテラル」は、複数行の文字列をスクリプト上でそのまま改行を使って記述できます。さらに、変数などの文字列を挿入できる機能もあって、とても便利な記述方法です。

構 文

```
const   = `文字列…${変数名}…
… 文字列…`;
```

テンプレートリテラルは、文字列をバッククォート（`）で囲みます。バッククォートは Shift キー ＋ @ キーで入力できます。

変数の文字列を挿入する場合は「$｛変数名｝」で記述します。実際に使ってみましょう（リスト2）。

▼リスト2　テンプレートリテラルを使う

```
function myFunction() {
  const companyName = "株式会社GAS";
  const name = "瓦斯太郎";
  const message = `${companyName}
${name} さま

お世話になっております。`;
  console.log( message );
}
```

会社名と担当者名を変数に入れてテンプレートリテラルに挿入してみました。これを実行すると次の画面2のようになります。

▼**画面2　実行結果**

実行ログ		
16:32:39	お知らせ	実行開始
16:32:39	情報	株式会社GAS 瓦斯太郎さま お世話になっております。
16:32:40	お知らせ	実行完了

変数の部分がしっかり反映されているね

テンプレートリテラルはメールの本文をつくるときなどに重宝します。複数行にわたる文章が視覚的にも見やすいですし、宛先の会社名や担当者名を変数で簡単に挿入できますね。

第 3 章

ChatGPTで
コードを書こう

● ●

　本章では、ChatGPTにコードを生成させてGoogle Apps
Scriptのさまざまな活用方法を紹介します。ChatGPTと
Google Apps Scriptのツボとコツを学んでいきましょう。

3-1 ChatGPTを使ってみよう

⬤ ChatGPTを利用するために

　ChatGPTを使うには、OpenAIのアカウント登録が必要です。ここではアカウント登録方法からブラウザ版のChatGPTの使い方、そして無償プランと有償プランの違いについて、説明します。記載内容はすべて2024年1月時点の情報です。

⬤ OpenAIのアカウントを作成する

　インターネットブラウザからOpenAIのWebサイトにアクセスします。

https://openai.com/

　右上の「Try ChatGPT」をクリックします（画面1）。

▼**画面1　右上の「Try ChatGPT」をクリック**

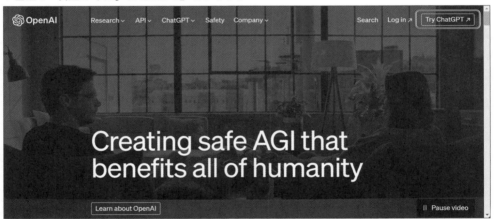

右上に「Menu」が表示されていたら
Menuの中に「Try ChatGPT」があるよ

右側の「Sign up」をクリックします（画面2）。

▼**画面2　右側の「Sign up」をクリック**

メールアドレスとパスワードでもアカウント登録できますが、本書の読者の方はGoogleの
アカウントを既にお持ちだと思いますので、「Googleで続ける」からGoogleのアカウントを
OpenAIに登録しましょう（画面3）。

▼**画面3　「Googleで続ける」をクリック**

登録するGoogleアカウントを選択します。

Googleアカウントにログインしていなかった場合は、Googleアカウントにログインしてください（画面4）。

▼**画面4　Googleアカウントの選択画面**

名前と誕生日を入力する欄が表示されますので、入力して「Agree」をクリックします（画面5）。

利用規約とプライバシーポリシーのリンクがありますので、気になる方はご確認の上、「Agree」をクリックしてください。

▼画面5　名前と誕生日を入力して「Agree」をクリック

人間であることを確認されます（画面6）。

　簡単なパズルがでてきますので指示どおりに完成させて「送信」をクリックしてください（画面7）。

▼画面6　「パズルを始める」をクリック

▼画面7　簡単なパズルを完成させて「送信」をクリック

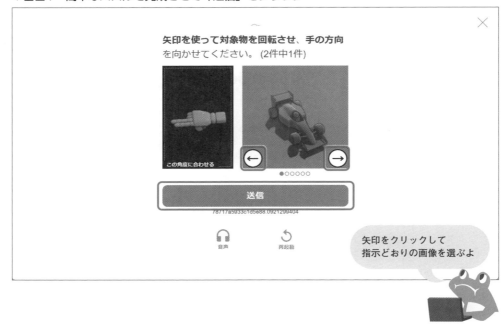

アカウントが作成されるとChatGPTを始めるにあたっての注意が表示されます（画面8）。

▼画面8　ChatGPT使用前の注意が表示された

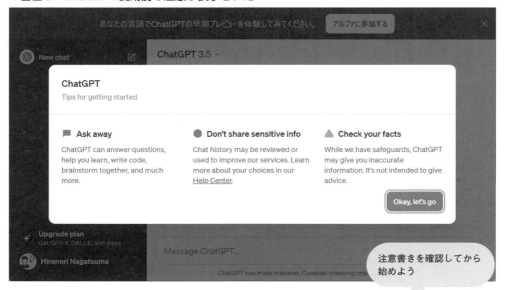

　ChatGPTを使用する前に注意すべき点が書いてありますので、重要な部分を訳して記載しておきます。

ChatGPTの使用上の注意点

機密情報を送信しないでください
チャット履歴は、OpenAI社のサービス向上のために確認または使用されることがあります。

事実を確認してください
ChatGPTは安全策を講じていますが、不正確な情報を提供する可能性があります。
ChatGPTはアドバイスを提供するものではありません。

　ブラウザ版のChatGPTによるチャットのやりとりはAIの学習に利用されることがある、ということはご存知の方も多いと思います。また、アメリカの弁護士がChatGPTの回答した実在しない判例を引用して問題になったというニュースもありました。情報が正確であるかを常に確認しながら活用していきましょう。

　さて、確認できたら「Okay, let's go」をクリックしてください。
　これでChatGPTを使用する準備ができました（画面9）。

▼**画面9　ChatGPTのチャット画面**

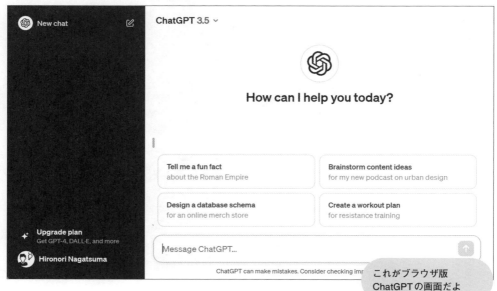

これがブラウザ版
ChatGPTの画面だよ

ChatGPTのブラウザ版を使ってみよう

さっそくChatGPTを使ってみましょう。

右下の入力欄に指示や質問を入力して $\boxed{\text{Enter}}$ で送信します（画面10）。

なお、AIに対する指示や質問のことを**プロンプト**と呼びます。

▼**画面10 ChatGPTのチャット画面**

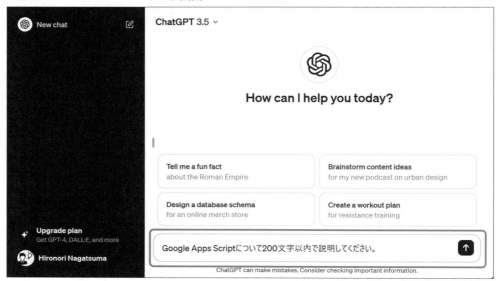

試しに
Google Apps Scriptについて
聞いてみるよ

ChatGPTから回答が返ってきました。

基本的に日本語で質問すると日本語で回答が返ってきます（画面11）。

▼**画面11　ChatGPTから回答が返ってきた**

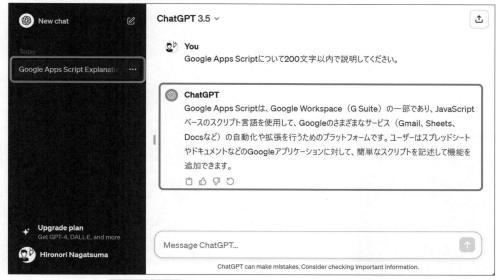

左側にはチャットの
履歴が並ぶよ

なお、チャット履歴は自動でタイトルがつけられて保存されます。

左側のリストからタイトルをクリックすればチャットの履歴を表示できるほか、追加で質問もできます。

ChatGPTの表記を日本語にする

ChatGPTのメニューなどの表記は初期設定で英語になっていますが、日本語に設定することができます。

この設定は執筆時点ではアルファ版（試作版）となっており、すべてが日本語になるわけではありませんが、英語より日本語の方が安心するという方は設定しておくとよいでしょう。

左下のユーザ名をクリックするとメニューが表示されますので、「Settings」をクリックします（画面12）。

▼**画面12　左下のメニューから「Settings」をクリック**

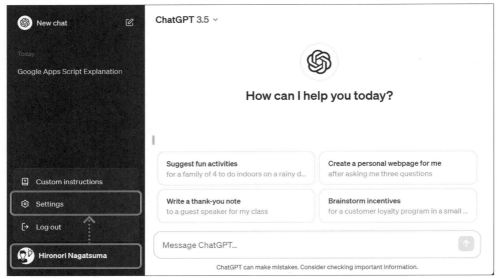

左下のユーザー名を
クリックすると
メニューが表示されるよ

Generalのタブにある Locale 欄で「ja-JP」を選択します（画面13）。

▼画面13　Localeで「ja-JP」を選択

一部の表記が日本語に変わりました（画面14）。

▼画面14　一部の表記が日本語に変わった

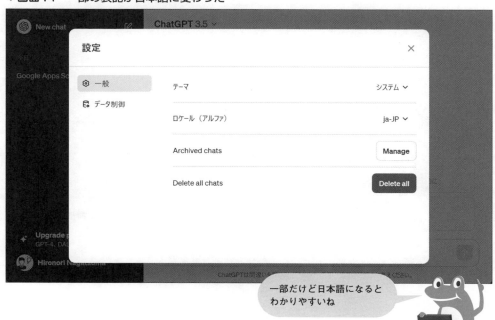

チャット画面も大部分が日本語の表記になりました（画面15）。

▼**画面15　チャット画面も一部が日本語表記になる**

チャットの
サジェスト（提案）機能も
日本語になったね

無料プランと有料プランChatGPT Plusの違い

ChatGPTは無料で利用できますが、有料のChatGPT Plusにアップグレードすることもできます。ここではその違いについて説明します。

有料プランを確認する

左下の「Upgrade plan」をクリックすると（画面16）、アップグレードの画面が表示されます。

▼**画面16** 左下の「Upgrade plan」をクリック

こちらの画面で無料プランと有料プランの違いを確認できます（画面17）。

▼**画面17** プランの違いが表示される

本書執筆時点のChatGPT Plusの料金は月額20米ドルで、主なメリットは以下のとおりです。料金やメリットは今後変更となる可能性があります。

GPT-4を利用できる

無料プランではGPT-3.5しか利用できませんが、有料プランではより精度の高いGPT-4を利用できます。

GPTsを利用できる

特定の目的に合わせてChatGPTをカスタマイズし、共有することができるサービスを利用できるようになります。

最新機能を利用できる

ChatGPTから画像生成AI「DALL-E」を使用可能になります。

Webに公開されている最新情報を取得して回答する「Webブラウジング機能」が使用可能になります。

● **有料プランにアップグレードするには**

有料プランにアップグレードしたい場合は、ChatGPT Plusの「プラスプランにアップグレード」をクリックして手続きを進めます。

なお、本書では無料プランの方でも有料プランの方でも読み進められますので、アップグレードしていただく必要はありません。

3-2 ChatGPTでGoogle Apps Scriptを書かせるコツ

コードを書かせるときのコツ

いよいよChatGPTにコードを書いてもらうわけですが、その前にコードを書かせるときのプロンプトの書き方について、コツを紹介します。

雑に指示してもそれなりに回答を返してくれますが、いくつかポイントを押さえておくことで、より狙いどおりのコードを返してくれるようになります。

ここでは特に初心者の方におすすめのポイントを5つ挙げています。

1.「Google Apps Script」を明記する

「Google Apps Script」を明示しないとGoogle Apps Script以外の方法だったり、Google Apps Scriptで利用できないコードを回答されたりすることがありますので、必ず指定しておきましょう。

ちなみに、毎回「Google Apps Script」を入力するのは面倒なので、著者は「がs」と入力したら変換できるように辞書登録しています。

2. なるべく詳しく指示する

実現する方法が複数存在することもありますので、できる限り詳しく手順などを指定しておくと狙いどおりのコードを作成してくれる確率が上がります。

3. コードの書き方や手段を指定する

ChatGPTは何も指定しないと「var」を使って変数を宣言します。

「const」や「let」で変数を宣言して欲しい場合は、「変数宣言はconst、letを使用してください」と指示しておきます。

また、稀に変数名を日本語で生成してしまうこともあるので、その時は、「変数名は英字にしてください」も追加してみましょう。

その他にも、「繰り返しはforを使用してください」とか、「アロー関数は使用しないでください」とか、「初心者でもわかりやすい書き方にしてください」とか、スキルに合わせて手段を指定しておくと、それを考慮してコードを作成してくれます。

4. コメントの有無

一つひとつのコードについて確認し、理解したい場合は、「1行ずつ日本語でコメントを入れてください」と指示してみましょう。コードの一つひとつがどういう役割を果たしているのか、コメントで説明してくれます。

最初の送信時に含まなくても、生成された後に追加で依頼すれば書き直してくれます。

5. 複雑なものはわける

要件が複雑だと正しいコードが生成される確率は下がります。さらに、一部の要件を無視されてしまう可能性も高くなり、かえって修正に時間がかかってしまうこともあります。

手順が複数あるなら、それぞれをわけてみましょう。本書でも紹介しますが、Gmailから新着メールを取得してSlackにメッセージを送信するコードを依頼するなら、新着メールを取得する部分と、Slackにメッセージを送信する部分に分けて依頼し、それぞれが完成したら2つを合体させる、という方法にすると確実性が高くなります。

ご自身のプログラミングスキルも踏まえて、最適な方法を試行錯誤してみましょう。

3-3 ChatGPTにコードを書かせてみよう

コードを生成する

では、コツを押さえた上で、ChatGPTにGoogle Apps Scriptのコードを書かせてみましょう。今回は1から10までの数字をログとして出力するというシンプルなコードを作成させてみます。

ちなみに、ChatGPTのプロンプト入力欄では [Shift] キーを押しながら [Enter] を押すと改行できます。

今回は次のようなプロンプトを送信してみました（画面1）。

プロンプト

1から10までの整数を昇順でログに出力するGoogle Apps Scriptを書いてください。
変数定義はconst、letを使用してください。
変数名は英字にしてください。
繰り返しはforを使用してください。
1行ずつ日本語でコメントを入れてください。

▼**画面1　プロンプトを入力して送信する**

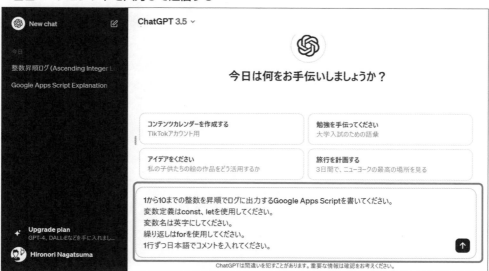

改行は [Shift] を押しながら [Enter] だよ

10数秒ほどでコードが生成されました（画面2）。

▼**画面2　コードが作成された**

1行目のコメントがちょっと
おかしいけどそれ以外は問題
なさそうだね

作成されたコードはこちらです（リスト1）。

▼リスト1　1から10までの整数を順にログ出力するコード

```
001: // スクリプトの実行をトリガーする関数
002: function logNumbers() {
003:   // 出力する数字の範囲を指定
004:   const startNumber = 1;
005:   const endNumber = 10;
006:
007:   // ログに出力するためのループ
008:   for (let i = startNumber; i <= endNumber; i++) {
009:     // 数字をログに出力
010:     Logger.log(i);
011:   }
012: }
```

　作成されたコードに要件を追加したり、変更したりしたい場合はチャットで続けて指示をすることで修正させることもできます。

ファイルを作成する

　では、生成されたコードをGoogle Apps Scriptのスクリプトエディタに貼り付けて実行してみましょう。Googleドライブを開いて任意のフォルダで左上の「新規」から、Google Apps Scriptを作成します（画面3、4）。

▼画面3　Googleドライブで左上の「新規」をクリック

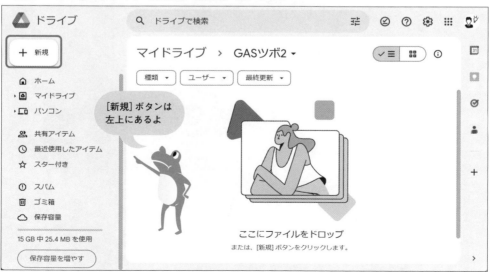

▼画面4 メニューからGoogle Apps Scriptをクリック

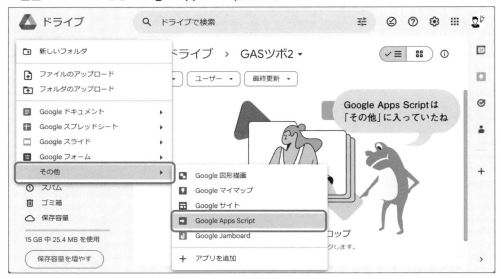

ChatGPTが作成したコードをコピーしてスクリプトエディタに貼り付け、保存します（画面5）。

▼画面5 コードを貼り付けて保存

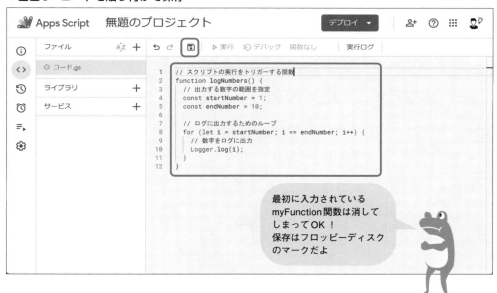

実行する

保存ができたら、関数「logNumbers」が選択されていることを確認して「実行」または「デバック」をクリックしてみましょう（画面6）。

▼**画面6　「実行」または「デバック」をクリック**

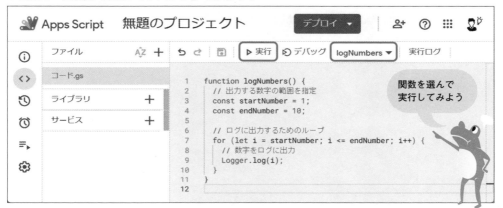

実行すると1から10までの数字が実行ログに出力されます（画面7）。

▼**画面7　コードが実行された**

　ChatGPTへの指示（プロンプト）の書き方は、世界中の方が試行錯誤していて、ネット上にもさまざまな情報が共有されています。そういった情報を見たり、実際に自分でも試行錯誤したりして、自分に合ったプロンプトの書き方を見つけていきましょう。

　そして、自分に合ったプロンプトの書き方が見つかったら、それを毎回コピーして「おまじない」のように使い回すとよいでしょう。

 注意点とうまく行かない
ときの対処法

AIの回答は完璧ではない

コードを書いてくれるまでに進化したAIですが、その回答の精度は100%ではありません。こちらが望んだとおりの動きをしてくれなかったり、そもそも動かないコードを返してきたりすることもあります。

ここでは、うまくいかない時の対処法をいくつか紹介します。

思いどおりのコードが生成されない

思いどおりのコードが生成されないときは、より細かく指示をすることで改善される場合があります。

ChatGPTと、何回かやりとりをすることで、思いどおりのコードに近づけていくことができますが、やりとりが長いと途中で指示した内容を無視されてしまうことがあります。

2〜3回のやりとりで改善されない場合は、一度仕切り直し、新しいチャットで最初から細かく指示をしてみましょう。

実行してもエラーがでてしまう

ChatGPTが生成したコードを実行してみたらエラーになってしまうことがあります。その場合は、エラーの内容をコピーして、「〜〜というエラーが発生します。解決方法を教えてください。」と質問してみましょう。

ChatGPTが間違いを認めて修正したコードを生成してくれたり、コード以外に問題がありそうな場合は解決策を提示してくれたりします。

実行する前にコードを確認しよう

そもそもGoogle Apps Scriptは、使い方によって、Googleドライブ内のファイルをすべて削除したり、外部にさまざまなかたちでデータを送信したりといった、危険な動作も実行可能です。

ChatGPTが生成したからといっても、何か問題が発生した場合は自己責任となります。ChatGPTの生成したコードを信頼しすぎず、生成したコードを使用するときは事前にそのコードが危険な動作をするような内容になっていないか、確認しましょう。

不安なときはテスト用にGoogleアカウントを作成して安全な環境、安全なデータでテストしてみるとよいでしょう。

結局のところ、ChatGPTも人間と同じで、詳しく説明しないと伝わっていないこともありますし、失敗もします。一方で丁寧にコミュニケーションをとることで素晴らしい成果を出してくれます。丁寧な伝え方を心がけることが良い成果に結びつくというのは、人間もAIも共通ですね。

Gmailでメールを送信する

実現したいこと

　さて、ここからはChatGPTでコードを生成させながら、Google Apps Scriptの活用方法も紹介していきます。

　今回はGoogle Apps Scriptからメールの送信をします（図1）。他の開発言語と比較しても、Google Apps Scriptは圧倒的にメールの送信が簡単です。まずはシンプルなコードで実践してみましょう。

図1　実現したいことのイメージ

Google Apps Script

メール送信

メールの宛先

コードを生成する

　今回はChatGPTに対して以下のプロンプトを送信してみました。

プロンプト

メールを送信するシンプルなGoogle Apps Scriptを書いてください。
変数はletとconstで宣言してください。

　このプロンプトを送信した結果、ChatGPTが生成したコードを見てみましょう（リスト1）。Google Apps Scriptはメールの送信がとても簡単にできるので、コードはとてもシンプルです。

▼リスト1　生成されたメールを送信するGoogle Apps Script

```
001 : function sendEmail() {
002 :   // メールの詳細を定義
003 :   const recipient = "recipient@example.com";  // 宛先アドレス
004 :   const subject = "メールの件名";  // 件名
005 :   const body = "メールの本文";  // 本文
006 :
007 :   // GmailApp を使用してメールを送信
```

```
008:    GmailApp.sendEmail(recipient, subject, body);
009: }
```

シンプルなコードが生成されましたね。

コードの解説

だいぶ簡単なコードではありますが、ここで解説していきます。

sendEmail関数

Google Apps Scriptを使用してメールを送信するには、メールの宛先、件名、本文を指定する必要があります。ここでは、それぞれ変数recipientに宛先のアドレス、変数subjectに件名、変数bodyに本文の文字列を代入しています。最後にGmailApp.sendEmailメソッドに引数として宛先、件名、本文の順に格納し、メール送信処理を行っています。

ファイルを作成する

コードが生成されたところで、次はスタンドアロン型でGoogle Apps Scriptのプロジェクトを作成しましょう。

Googleドライブを開いて左上の［新規］ボタンをクリックし、「その他」から「Google Apps Script」をクリックします（画面1）。

▼**画面1 ［新規］をクリックし「その他」から「Google Apps Script」をクリック**

例によって最初に注意書きがでてきますが、問題なければ［スクリプトを作成］ボタンをクリックしてください（画面2）。

▼**画面2** 問題なければ［スクリプトを作成］をクリック

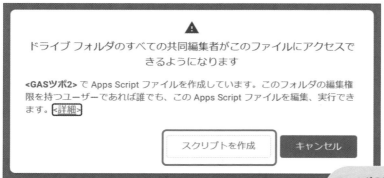

> フォルダの編集権限が
> あれば編集と実行ができてしまう
> ことの注意書きだったね

スクリプトエディタが表示されますので、さきほどのコードをコピーして貼り付けてください。

さらに、3行目のメールアドレスを、送信先のアドレスに変更してください（画面3）。

なお、送信元は、Google Apps Scriptを実行したユーザーのメールアドレスになります。

▼**画面3** コードを貼り付けてメールアドレスを修正する

> 3行目に宛先の
> メールアドレスを
> 入力してね

実行する

3行目のメールアドレスを修正できたら、保存して実行します。

実行する関数はすでにsendEmail関数が選択されているはずですので、そのまま「実行」または「デバッグ」をクリックしましょう。

初回実行時、承認・許可を行うための画面がいくつか表示されます。

まず、「承認が必要です」という画面がでたら（画面4）、右下の［権限を確認］をクリックします。

▼**画面4　［権限を確認］をクリック**

> 初めて実行する時は
> 権限の承認をするよ

次に、Google Apps Scriptを実行するアカウントの選択画面です。

実行するGoogleのアカウントをクリックします（画面5）。

▼**画面5　Googleのアカウントをクリック**

> ここで選択したアカウントが
> メール送信元になるよ

ここからは個人アカウントと会社などの組織アカウントで表示される画面が変わります。
個人のアカウントでは画面6のように警告画面が表示されます。
わかりにくいのですが、実行するためには左下の「詳細」をクリックします。

▼**画面6　左下の「詳細」をクリック**

このアプリは Google で確認されていません

アプリが、Google アカウントのプライベートな情報へのアクセスを求めています。デベロッパー（ ████████@gmail.com）と Google によって確認されるまで、このアプリを使用しないでください。

小さくてわかりにくいけど
左下の「詳細」をクリックしよう

詳細　　　　　　　　　　　　　　　　　　　　　　安全なページに戻る

すると、画面7のように下部に詳細が表示されますので、一番下の「**プロジェクト名（安全ではないページ）に移動**」をクリックします。

▼**画面7　「プロジェクト名（安全ではないページ）に移動」をクリック**

このアプリは Google で確認されていません

アプリが、Google アカウントのプライベートな情報へのアクセスを求めています。デベロッパー（ ████████@gmail.com）と Google によって確認されるまで、このアプリを使用しないでください。

詳細を非表示　　　　　　　　　　　　　　　　　　安全なページに戻る

リスクを理解し、デベロッパー（ ████████@gmail.com）を信頼できる場合のみ、続行してください。

無題のプロジェクト（安全ではないページ）に移動

実行しようとしている
プロジェクト名が
表示されるよ

　最後に、Google Apps Scriptが必要とする権限について許可する画面が表示されますので、確認して右下の［許可］ボタンをクリックします（画面8）。

　なお、このときに表示される権限はスクリプトエディタのコードを元に判断されます。今回はメール送信のコードだったのでGmailに関する権限が表示されていますね。

▼**画面8　［許可］をクリック**

　［許可］ボタンをクリックするとGoogle Apps Scriptの実行が開始されます。

実行結果

実行が終わったらメールが届いているか確認してみましょう。

宛先に指定したメールアドレスにメールが届いていれば成功です（画面9）。

▼**画面9　指定したメールアドレスにメールが届いた**

今回は件名も本文もそのままで送信したのでまさにテストメールという感じですが、コードの4行目、5行目をカスタマイズすれば、メールの件名、本文を自由に設定できます。

いかがでしょうか。

簡単すぎてChatGPTでなくても書けそうなレベルですが、まずはChatGPTにコードを書かせることを経験できました。

このあとはもう少し長いコードを書かせていくことになりますが、シンプルな指示の方がChatGPTも確実性が高いので、小さなことでもどんどんChatGPTに依頼して人間の効率をあげていきましょう。AIに対して遠慮は不要です。

3-6 Slackにメッセージを投稿する

チャットと連携しよう

　ビジネスチャットを導入する企業が増えています。社内外とのコミュニケーションのほか、外部ITサービスの通知先としても利用されています。企業で使うITツールが増えても、チャットにさまざまな通知や情報が届くようになっていれば、わざわざそれぞれのサービスを見に行かなくても、チャットを起点に仕事ができるようになりますね。

　インターネット上のさまざまな情報を取得して、チャットに通知したい、というときにGoogle Apps Scriptは役立ちます。

　ここでは、無料でも利用できるビジネスチャットツールSlackについてGoogle Apps Scriptからメッセージを送る方法を説明していきます（図1）。

　なお、組織のSlack管理者によってAppの利用が一部制限されていることがありますので、その場合は組織のSlack管理者にご相談ください。

図1　実現したいことのイメージ

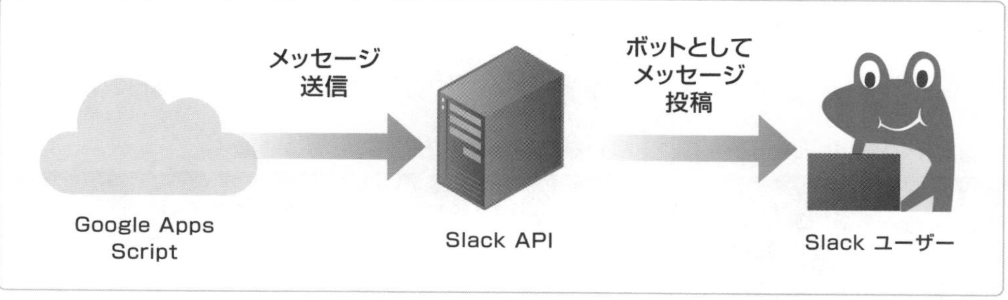

```
Google Apps        メッセージ       Slack API      ボットとして      Slack ユーザー
Script             送信                            メッセージ
                                                   投稿
```

Slackのアプリをつくる

　SlackはWebサイトから無料で簡単に利用開始できます。本書ではSlackアカウントの作成方法は割愛しますが、アカウントをお持ちでない方は以下のURLからSlackのワークスペースを作成してみましょう。

【SlackのWebサイト】

https://slack.com

　Slackの利用ができる状態になったら、さっそくGoogle Apps ScriptとSlackを連携する設定を始めましょう。

Slackでは、アプリ（App）を作成してボットにメッセージを投稿させることができます。最初にアプリを作成し設定する手順を説明します。

まずはSlackを開きます。左側のメニューから「その他」にカーソルを合わせると、さらにメニューが表示されるので、「自動化」をクリックします（画面1）。

▼**画面1　「その他」にある「自動化」をクリック**

「App」メニューを開き、右上の［Appディレクトリ］をクリックします（画面2）。

▼**画面2　右上の［Appディレクトリ］をクリック**

続いて表示されたAppディレクトリの画面3で右上の「ビルド」をクリックします。

▼画面3 Appディレクトリ右上の「ビルド」をクリック

アプリを使うページから
つくるページに移動するよ

画面4の右上にある「Your apps」をクリックします。

▼画面4 右上にある「Your apps」をクリック

ここから英語のページになるよ

画面5のページ右上にある［Create New App］ボタンをクリックします。

▼**画面5 ［Create New App］ボタンをクリック**

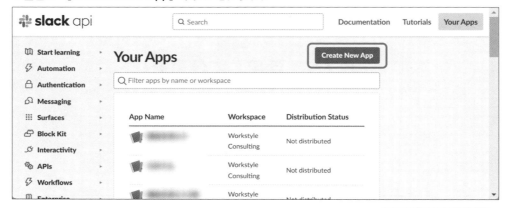

アプリの作成を始めよう

「Create an app」の画面が出てきて2つからアプリの作成方法を選べます（画面6）。
「From scratch」を選択してください。

▼**画面6 「From scratch」を選択**

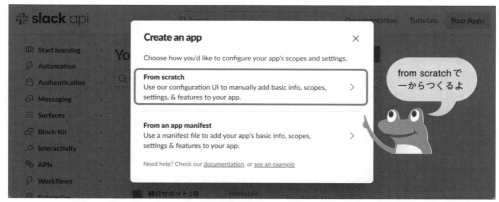

from scratchで
一からつくるよ

画面7の1つめのApp Name欄には、アプリの名前を入れます。

ここでは「GASからの通知」としておきましょう。

2つめの「Pick a workspace to develop your app in:」欄は、アプリを使用したいワークスペースを選択してください。

最後に右下の［Create App］ボタンをクリックするとアプリが作成されます。

▼画面7　Name app & choose workspace画面

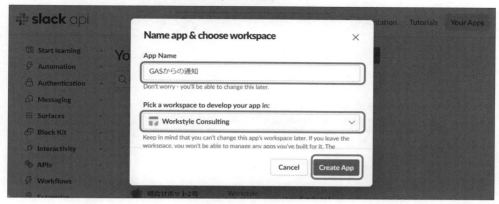

Slackの Webhook を取得する

　アプリを作成しただけではまだ何もできないので、アプリに機能を追加していきます。

　画面8の左側のメニューから「App Home」をクリックし、表示された画面の中程にある、[Edit] ボタンをクリックします。

▼画面8　「App Home」画面で [Edit] ボタンをクリック

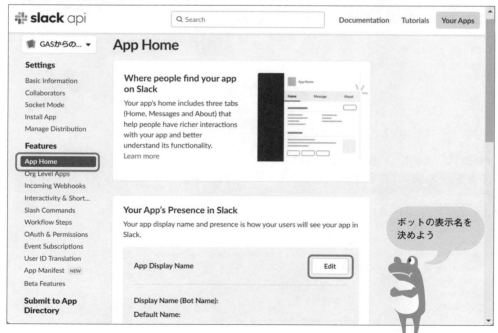

　すると、通知に表示されるボットの表示名とユーザー名を設定する画面が表示されます（画面9）。

　今回は、Display Name (Bot Name)欄を「GASからの通知」、Default username欄を「gas-bot」としてみました。

　入力したら［Add］ボタンをクリックします。

▼**画面9　ボットの表示名とユーザー名を設定して［Add］をクリック**

Display Name は日本語可、Default username は半角英数字（小文字）と一部の記号が使えるよ

　ボットユーザーの名前が登録されました（画面10）。

▼**画面10　ボットユーザーの名前が登録された**

設定した内容が反映されているね

次に画面11の左のメニューから「Basic Information」をクリックし、表示された画面で、中程にある「Incoming Webhooks」をクリックします。

▼**画面11** Basic Informationの画面でIncoming Webhooksをクリック

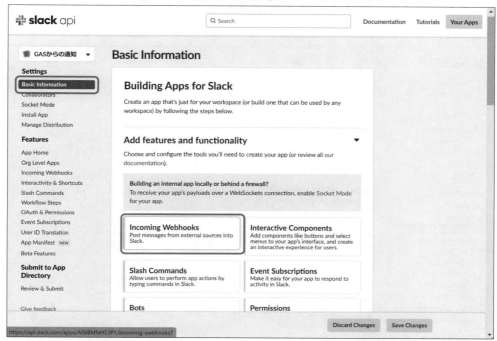

「Add features and functionality」の中にあるよ

　Incoming Webhooksの Activate Incoming Webhooksの文字の右にあるトグルボタンをクリックしてOffからOnに変えてください。

　クリックすると画面下に Webhook URLを追加するボタンが現れます（画面12）。

　一番下にある［Add New Webhook to Workspace］ボタンをクリックします。

▼**画面12　トグルをOnにして［Add New Webhook to Workspace］をクリック**

アクセス許可と投稿先を選択する画面が表示されます（画面13）。

投稿先のチャンネルを選択して［許可する］ボタンをクリックします。

▼**画面13　投稿先チャンネルの指定とアクセス許可**

これでアプリの準備ができました。

Incomoing Webhooksの画面内のWebhook URLの欄に、選択したチャンネル専用の Webhook URL（https://hooks.slack.com/…）が表示されています（画面14）。

こちらは後ほどGoogle Apps Scriptで使用します。［Copy］ボタンを押すとコピーできます。

▼**画面14 Webhook URL欄にあるコピーする**

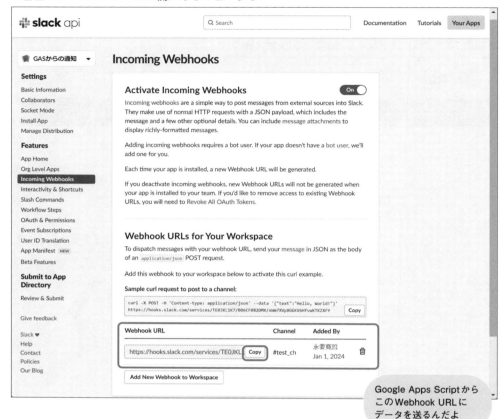

Google Apps Scriptから
このWebhook URLに
データを送るんだよ

コードを生成する

では、Slackにメッセージを投稿するGoogle Apps ScriptのコードをChatGPTに作成して
もらいましょう。

ChatGPTにはこんな感じのプロンプトで指示しました。

プロンプト

Webhookを使ってSlackの特定のchannelにメッセージを投稿するGoogle
Apps Scriptを書いてください。
メッセージの入った変数を引数にして関数を呼び出せるようにしてください。
Webhook URLは定数として定義してください。
変数の宣言はletやconstを使ってください。

生成されたGoogle Apps Scriptがリスト1です。

▼リスト1 Slackにメッセージを送る

```
001 : // SlackのWebhook URLを定数として定義
002 : const WEBHOOK_URL = "https://hooks.slack.com/services/...";
003 : // Slackにメッセージを投稿する関数
004 : function postMessageToSlack(message) {
005 :   // Slackに送信するためのペイロードを準備
006 :   const payload = JSON.stringify({ text: message });
007 :   // URL Fetch サービスを使用してSlackにリクエストを送信
008 :   const options = {
009 :     method: 'post',
010 :     contentType: 'application/json',
011 :     payload: payload
012 :   };
013 :   UrlFetchApp.fetch(WEBHOOK_URL, options);
014 : }
015 : // 関数の使用例
016 : function exampleUsage() {
017 :   const message = "Hello, Slack!";
018 :   postMessageToSlack(message);
019 : }
```

　内容は問題なさそうですので、こちらのコードを使ってGoogle Apps Scriptを作成してみましょう。

コードの解説

　それでは、生成されたコードを簡単に解説します。

変数WEBHOOK_URL

　変数は、関数やブロックの外で定義することで、どの関数からも呼び出せるようになります。常に一定で変わることがない値を、このように定義することがあります。

　他の変数と区別するために変数名をすべて大文字のスネークケースにしています。スネークケースについては本節のコラムにて説明します。

関数postMessageToSlack

　messageを引数として受け取ります。6〜12行目では、Slackの投稿に必要な値を設定しています。

6行目のJSON.stringifyは、()内のオブジェクトをJSON形式の文字列に変換しています。JSONはWebhookなどWeb APIでのデータのやりとりに利用される文字列の形式です。値やオブジェクトを通信しやすいJSON表記に変換することで異なるサービス間の通信を実現しています。

13行目では、Webhook URLにデータを送信しています。UrlFetchApp.fetchは1つ目の引数にWebhookのURL、2つ目の引数に上でつくったオブジェクトoptionsを入れて、相手先サーバのWebhookにデータを送信します。

● 関数exampleUsage

postMessageToSlack関数を実行する関数の使用例として作成された関数です。

ここでは、この関数を実行することで、引数にメッセージを指定してpostMessageToSlack関数の実行をテストします。

● Google Apps Scriptを作成する

コードが生成されたので、Google Apps Scriptのプロジェクトをつくっていきましょう。

今回はスタンドアロン型でGoogle Apps Scriptのプロジェクトを作成してください。

スクリプトエディタに生成したコードをコピーして貼り付けます。2行目の "https://…" の中に、先ほどSlackアプリで生成したWebhook URLをコピーして貼り付けてください。

準備ができたらスクリプトを保存し、関数の選択欄で「exampleUsage」を選択して、実行します（画面15）。

初回は確認画面が表示されますので、実行するユーザーを選び、許可をしてください。

▼**画面15 関数exampleUsageを選択して「実行」をクリックする**

```
1    // SlackのWebhook URLを定数として定義
2    const WEBHOOK_URL = "https://hooks.slack.com/services/
     T        /B            /              ";
3    // Slackにメッセージを投稿する関数
4    function postMessageToSlack(message) {
5      // Slackに送信するためのペイロードを準備
6      const payload = JSON.stringify({ text: message });
7      // URL Fetch サービスを使用してSlackにリクエストを送信
8      const options = {
9        method: 'post',
10       contentType: 'application/json',
11       payload: payload
12     };
13     UrlFetchApp.fetch(WEBHOOK_URL, options);
14   }
15   // 関数の使用例
16   function exampleUsage() {
17     let message = "Hello, Slack!";
18     postMessageToSlack(message);
19   }
```

> メッセージがSlackに届くかな？

権限の承認・許可がされると、実行が開始されます。

Slackに投稿されたら成功です（画面16）。

▼**画面16 実行結果**

test_ch ˅

\+ 関連ページを追加する

今日 ˅

GASからの通知 `アプリ` 01:19 ——— New
Hello, Slack!

> Slackにボットからのメッセージとして投稿されたね

これでSlackに投稿するGoogle Apps Scriptができました。

Google Apps Scriptからチャットに投稿できるようになると、Google Apps Scriptの活用方法が一気に広がります。

このあとも、Slackと連携するサンプルを紹介しますが、こちらで生成したコードを使い回していきます。

コラム

キャメルケース、スネークケース

変数名や関数名はスペースを入れることができないので、2語以上の英単語で表現したい場合、複数の単語をスペースなしで繋げる必要があります。例えば、Google Apps Scriptを新規作成したときに最初から用意されているmyFunctionという関数名は「my」と「function」という2つの単語がくっついていますね。このように複数の単語を繋げる表記法について、代表的な2つを紹介します。

1つ目はキャメルケース（camel case）です。キャメルケースは最初の単語以外の文字の先頭を大文字にする書き方です。大文字が「らくだのこぶ」のように見えることが語源です。まさに「myFunction」がキャメルケースですね。一般的に変数名や関数名に使用されます。

2つ目はスネークケース（snake case）です。スネークケースは、アンダースコア（_）を区切り記号として単語をつなげる書き方です。アンダースコアがヘビのように地を這っているのを想像するとわかりやすいと思います。通常はすべて小文字ですが、すべて大文字にするスネークケースはコンスタントケースとも呼ばれ、本節のWEBHOOK_URLのような、常に一定で変わらない変数の命名によく使用されます。

camelCase、snake_case（CONSTANT_CASE）という表記法を覚えておきましょう。

3-7 Gmailにあるメールを取得する（Gmail）

実現したいこと

ここからは、定期的にGmailのメールを取得して特定のメールが届いた時にチャットへ通知を送るGoogle Apps Scriptをつくりたいと思います。

例えば、「メールでの問い合わせに早めに対応したい」とか「メンバーの中で手が空いた人がメール対応できるようにしたい」といった場合など、同じチャットを見ているメンバーにメール受信を自動で共有したい時に活躍します。

まずざっくりとした流れを書いてみるとこんな感じです（リスト1）。

▼リスト1　ざっくりとした流れ

1　スクリプトプロパティから前回の最終メール受信日時を読込む
2　Gmailからメールを取得する
3　チャットに通知する
4　スクリプトプロパティに最新のメール受信日時を記録して終了

今回もChatGPTにコードを作成させるのですが、メールの取得とSlack通知を一度に指示してしまうと複雑になってしまって、コードがうまく生成されない確率が上がります。

そこで今回は、まずメールを取得する部分のみ（図1）を作成した後に、前節でつくったSlack通知機能を組み合わせるという2段階の手順で作成していきます。

ちなみに、先にネタばらしをすると、ChatGPTはメールを取得するだけのコード作成でも躓いてしまったので、ここでは、その内容と解決した方法についても説明していきます。ChatGPTとどのように付き合っていくのか、についてのヒントになると思います。

図1　実現したいことのイメージ

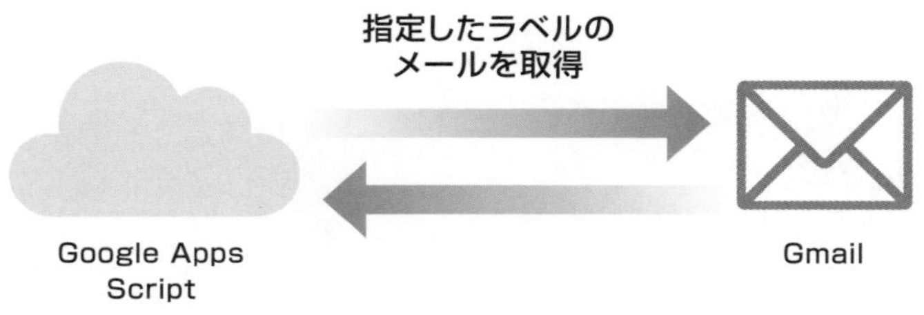

```
指定したラベルの
メールを取得
→
←

Google Apps          Gmail
Script
```

事前準備：Gmailでフィルタとラベルを設定する

コードを書く前に、まずはGmailの事前準備から始めましょう。

今回のサンプルスクリプトではGmail側で特定のラベルを作成し、そこに振り分けられたメールを通知対象にします。まずはGmailで振り分けをするためのフィルタとラベルを設定していきましょう。

まずはGmailを開いてください。上部にある「メールを検索」欄の右にあるオプションのマークをクリックします（画面1）。

▼**画面1　検索欄の右側にあるオプションのマークをクリック**

まずはメールを検索します。ここではWebサイトにあるフォームからのお問合せのメールを振り分けると想定して、送信元のメールアドレスと件名を指定してみます。振り分けしたいメールに合わせて条件を指定してみてください。

入力したら右下にあるグレーの［フィルタを作成］ボタンをクリックしてください（画面2）。

▼**画面2　メール振り分けの条件を指定して「フィルタを作成」をクリック**

ラベルを付けるにチェックして「新しいラベル…」をクリックします（画面3）。

▼**画面3　ラベルを付けるにチェックして「新しいラベル…」をクリック**

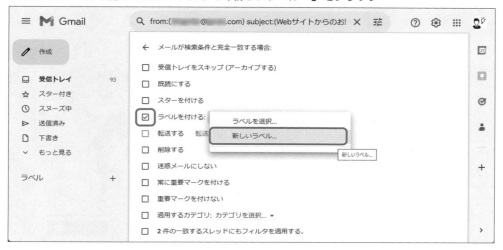

新しいラベル名の入力画面が表示されますので（画面4）、任意のラベル名を入力して［作成］ボタンをクリックしてください。ここでは「Web問合せ」というラベル名にしました。

▼**画面4　任意のラベル名を入力して［作成］ボタンをクリック**

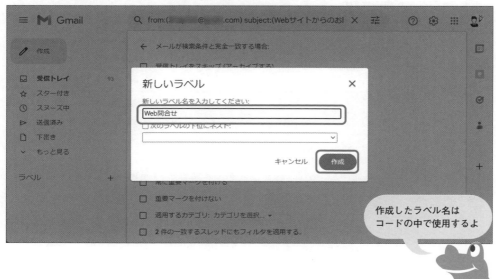

作成したラベル名は
コードの中で使用するよ

新しいラベル名が指定できました。

「○件の一致するスレッドにもフィルタを適用する」にチェックをすると、すでに受信済みのメールにもフィルタが適用され、ラベルが付けられます。

［フィルタを作成］ボタンをクリックします（画面5）。

▼**画面5** 「フィルタを作成」ボタンをクリック

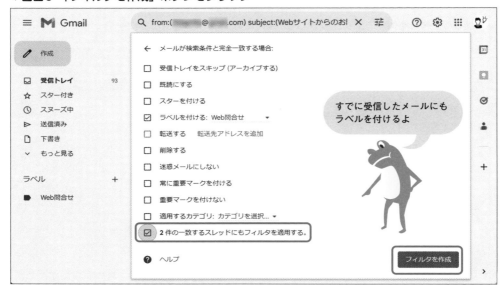

ラベルとフィルタが作成されました（画面6）。

ここで作成したラベル名はコードの中で使用します。

▼**画面6** ラベルが作成された

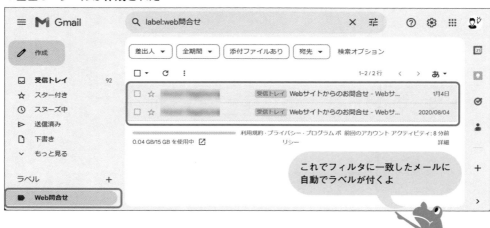

コードを生成する

　Gmailの設定ができたところで、次はコードを作成するために、ChatGPTへ送るプロンプトを書きましょう。

　最初に作成して欲しい機能の概要を書き、そのあとに細かい条件やプロセスを指定しています。

　今回は、何度も同じメールを通知しないように、スクリプトプロパティに最新の受信日時を登録するよう、手段まで指定してみました。できるだけ細かいやり方まで指定すると思いどおりのコードを作成される確率が高まります。

> **プロンプト**
>
> Gmailの特定のラベルに振り分けられた受信メールを取得し、新着メールがあったら、差出人と件名をログに出力するGoogle Apps Scriptを作成してください。
> 自分から送信したメールは対象外としてください。
> 1度出力したメールが再び対象とならないように、スクリプトプロパティに最新のメール受信日時を取得・登録してください。
> 変数の宣言はlet、constを使用してください。

　こちらをChatGPTに送信した結果、生成されたコードがリスト2です。

▼リスト2　最初に生成されたコード（※エラーが発生します）

```
001: // このスクリプトは特定のGmailラベルから新着メールを取得し、その送信者と件名
     をログに出力します
002:
003: // メールを取得するラベルを定義
004: const LABEL_NAME = 'ラベル名'; // 実際のラベル名に置き換えてください
005: const SCRIPT_PROPERTY_KEY = 'lastProcessedTimestamp';
006:
007: function checkNewEmails() {
008:   // スクリプトプロパティから最後に処理したメールのタイムスタンプを取得
009:   const scriptProperties = PropertiesService.getScriptProperties();
010:   const lastProcessedTimestamp = scriptProperties.
     getProperty(SCRIPT_PROPERTY_KEY);
011:
012:   // 指定したラベルのメールを取得
013:   const threads = GmailApp.getUserLabelByName(LABEL_NAME).
     getThreads();
014:
015:   for (const thread of threads) {
```

```
016 :     const messages = thread.getMessages();
017 :     for (const message of messages) {
018 :       // メールが最後に処理されたメールより新しく、ユーザー自身からのもので
      ない場合にチェック
019 :       if (message.getDate().getTime() > (lastProcessedTimestamp ||
      0) && !message.isFromMe()) {
020 :         // メールの送信者と件名をログに出力
021 :         console.log('From: ' + message.getFrom() + ', Subject: ' +
      message.getSubject());
022 :         // 最後に処理されたタイムスタンプを更新
023 :         const messageTimestamp = message.getDate().getTime();
024 :         if (!lastProcessedTimestamp || messageTimestamp >
      lastProcessedTimestamp) {
025 :           scriptProperties.setProperty(SCRIPT_PROPERTY_KEY,
      messageTimestamp.toString());
026 :         }
027 :       }
028 :     }
029 :   }
030 : }
```

Google Apps Script作成と実行

　コードが生成されたので、Google Apps Scriptを作成しましょう。

　Googleドライブを開き、任意のフォルダで［新規］ボタンをクリックします。「その他」から「Google Apps Script」を選びます（画面7）。

1
2
3
4

▼画面7　Googleドライブから新しいGoogle Apps Scriptを作成

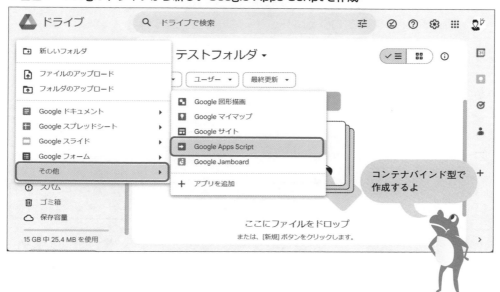

「ドライブ フォルダのすべての共同編集者がこのファイルにアクセスできるようになります」というメッセージが表示されます。

内容を確認し、問題がなければ［スクリプトを作成］をクリックします。

スクリプトエディタが表示されたら、ChatGPTで作成したコードを貼り付けます。

4行目にGmailのラベル名を指定する箇所があるので、さきほど作成したGmailのラベル名を''の中に入力してください。

```
const LABEL_NAME = 'ラベル名'; // 実際のラベル名に置き換えてください
```

準備ができたら実行してみましょう。

初回の実行時には権限の確認やユーザー選択の画面が開きますが、3-5節のときと同様に許可していってください。

実行すると次のようなエラーが発生します（画面8）。

```
TypeError: message.isFromMe is not a function
```

▼画面8　エラーが発生した

実行が途中で止まって
実行ログにエラー内容が
表示されているね

「isFromMe」という関数は存在しないというエラーです。ChatGPTの生成したコードが間違っている可能性がありそうです。エラーの内容をコピーしてChatGPTに理由を聞き、コードを修正してもらいましょう。

エラーを修正する

ChatGPTに戻り、コードを作成したチャットの続きに以下のプロントを送信します。

プロンプト

実行しましたが以下のエラーが発生しました。理由を説明した上で、コードを修正してください。
TypeError: message.isFromMe is not a function

すると、まず理由について、以下のように説明してきました。

ChatGPTの回答

発生したエラーの原因は、message.isFromMeがGoogle Apps ScriptのGmailサービスでは利用できない関数だからです。この関数はGmailのメッセージオブジェクトには存在しません。

要するに、Google Apps Scriptで利用できない関数を記述していたという理由でした。

実は、Google Apps Scriptのコードを生成において、ChatGPTがこの手の間違いをすることは多いです。他の言語の関数などが混ざってしまうようです。

ただ、エラーを指摘してあげれば、修正したコードを生成してくれます。

次のリスト3が修正されたコードです。

▼リスト3 修正された2回目のコード

```
001: // このスクリプトは特定のGmailラベルから新着メールを取得し、その送信者と件名
     をログに出力します
002:
003: // メールを取得するラベルを定義
004: const LABEL_NAME = 'ラベル名'; // 実際のラベル名に置き換えてください
005: const SCRIPT_PROPERTY_KEY = 'lastProcessedTimestamp';
006: // メインの関数
007: function checkNewEmails() {
008:   // スクリプトプロパティから最後に処理したメールのタイムスタンプを取得
009:   const scriptProperties = PropertiesService.getScriptProperties();
010:   const lastProcessedTimestamp = scriptProperties.
     getProperty(SCRIPT_PROPERTY_KEY) || 0;
011:   let lastMessageTimestamp = lastProcessedTimestamp;
012:   // 指定したラベルのメールを取得
013:   const threads = GmailApp.getUserLabelByName(LABEL_NAME).
     getThreads(0, 10);
014:   // スレッド毎に繰り返し
015:   for (const thread of threads) {
016:     const messages = thread.getMessages();
017:     for (const message of messages) {
018:       // メールが最後に処理されたメールより新しく、ユーザー自身からのもので
     ない場合にチェック
019:       const messageTimestamp = message.getDate().getTime();
020:       if (messageTimestamp > lastProcessedTimestamp &&
     !isFromMe(message)) {
021:         // メールの送信者と件名をログに出力
022:         const notice = 'From: ' + message.getFrom() + ', Subject: '
     + message.getSubject();
023:         console.log(notice);
024:         // 最後に処理されたタイムスタンプを更新
025:         if (messageTimestamp > lastMessageTimestamp)
     lastMessageTimestamp = messageTimestamp;
```

```
026 :        }
027 :      }
028 :    }
029 :    // スクリプトプロパティを更新
030 :    if (lastMessageTimestamp > lastProcessedTimestamp) {
031 :      scriptProperties.setProperty(SCRIPT_PROPERTY_KEY,
       lastMessageTimestamp.toString());
032 :    }
033 : }
034 : // ユーザー自身からのメールかどうかを確認するヘルパー関数
035 : function isFromMe(message) {
036 :    const userEmail = Session.getActiveUser().getEmail();
037 :    return message.getFrom().indexOf(userEmail) > -1;
038 : }
```

34行目以降にisFromMeという関数を独自につくって追加することでGoogle Apps Scriptで実行されるように修正されました。

実行してみた結果がこちらです（画面9）。

▼画面9　新着メールがログ出力された

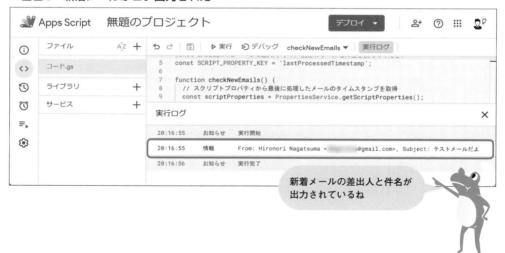

無事にGmailの指定したラベルにあるメールがログに出力されました。

⬤ コードの解説

ここからは修正されたコードについてポイントを解説していきます。

⬤ スクリプトプロパティを操作する（9〜10行目、31行目）

9〜10行目ではスクリプトプロパティの取得をしています。スクリプトプロパティが登録されていない場合は、「0」が代入されます。2-8節で説明した、||演算子（左が偽値だったら右を返す）が利用されていますね。また、31行目ではスクリプトプロパティの保存を行っています。

今回のコードでは、実行する度に最後のメール受信日時をスクリプトプロパティに保存しておき、次回実行した時にはその日時より後に届いたメールを通知する仕組みにしています。

最後に取得して通知したメールの日時を保存しておくためにこの機能を使用しています。

⬤ スレッド数の指定（13行目）

今回、実はChatGPTが作成したコードに一部付け加えた部分があります。

13行目の最後の括弧です。

もともとは何もなかったのですが、「0, 10」を括弧の中に追加しました（リスト4、5）。

▼リスト4　修正前

```
012:    // 指定したラベルのメールを取得
013:    const threads = GmailApp.getUserLabelByName(LABEL_NAME).
        getThreads();
```

▼リスト5　修正後

```
012:    // 指定したラベルのメールを取得
013:    const threads = GmailApp.getUserLabelByName(LABEL_NAME).
        getThreads(0, 10);
```

もともとのコードのままだと、ラベルの中のメールを際限なく取得しにいってしまうので、ラベルの中に大量のメールが入っていると処理が遅くなる可能性がありました。

そこで、取得するスレッド数に上限を付けました。

getThreadsは、「getThreads (start, max)」という形式で、取得するスレッドの範囲を指定できます。今回は0番目から最大10スレッドまでを取得するように指定しておきました。

ここでは最大値を10に設定しましたが、メール受信状況や実行頻度に合わせて調整してください。

●isFromMe関数（35〜38行目）

こちらがエラーを修正した時に追加された関数です。ユーザー自身からのメールを通知対象としないようにチェックする関数として20行目から呼び出されています。

36行目で実行しているユーザのメールアドレスを取得し、37行目ではそのメールアドレスがメール送信元と一致すればTrue、一致しなければFalseを返します。

「message.getFrom()」でメールの送信元を取得できます。

「indexOf」は「検索される文字列.indexOf(検索する文字列)」のようにして文字列を検索できます。検索する文字列が見つからなかった場合は、-1を返します。

●Gmailの仕組みとメールの抽出

ここで、Gmailの仕組みを簡単に説明しておきます。

Gmailのメールデータは少し特殊です。一連のメールがスレッドというかたまりの中に格納されています（図1）。中身のメールを取り出すのにはひと工夫が必要です。

図1　Gmailのメールは2次元配列で格納されている

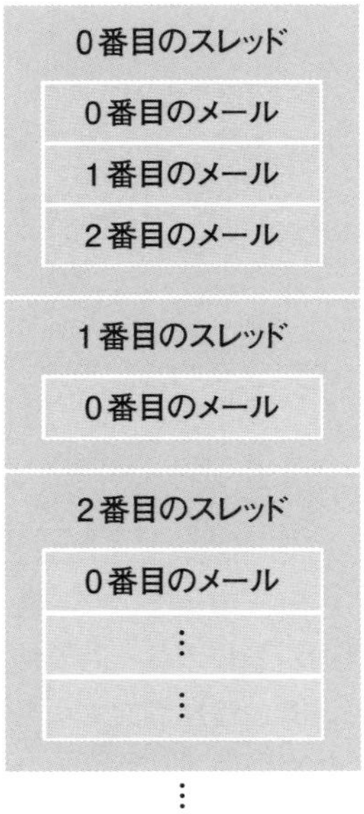

Gmailのメールデータは2次元配列になっていて、処理するには、①スレッドを取り出す、②スレッドの中のメールを取り出すという手順が必要です。コード上は、繰り返し処理を2重で行うことになります（リスト6）。

▼リスト6　繰り返し処理のイメージ

```
// 指定したラベルのメールを取得
const threads = GmailApp.getUserLabelByName(LABEL_NAME).getThreads();
  // スレッド毎に繰り返し
  for (const thread of threads) {
    // スレッド内のメールを取得
    const messages = thread.getMessages();
    // メール毎に繰り返し
    for (const message of messages) {
      // メール毎の処理
    }
  }
}
```

　いかがでしたでしょうか。今回は取得するスレッド数を一律に設定しましたが、前回からの差分のみメールを取得する方法もあります。使っていくうちに改善したい部分がでてきたら、ご自分で修正したり、ChatGPTに修正させたりして進化させていってください。

コ ラ ム

なぜラベルを使用するのか

・・・

　今回はGmailのラベル機能を利用しましたが、メールをすべて取得してから同じような条件で絞り込みをしてメールを抽出することも可能です。

　しかし、Google Apps Scriptは6分という実行時間の制限がありますので、Gmail側で処理できるものは処理（振り分け）しておいた上で、Google Apps Scriptが取得する件数を少なくする方が処理時間を短縮できます。また、運用してみて条件を変更したい、という時もGmail側で設定する方がはるかに簡単ですし、コードをいじらないのでリスクも少なくて済みます。

　このような理由から、今回はラベル名で抽出する方法でコードを作成しました。Google Apps Scriptでの処理にこだわらず、他でできることは他にやらせて、より広い視野で効率的なやり方を模索していけるとよいですね。

3-8 メールを受信したらチャット に通知する (Gmail)

実現したいこと

　ここでは、3-7節で生成したメールを取得するGoogle Apps Scriptに、3-6節で生成した Slack通知のコードを合体して、新着メールが届いたらSlackに通知するように仕上げていき ます（図1）。

図1 実現したいことのイメージ

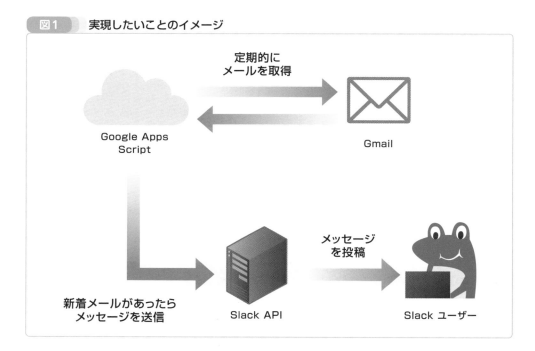

gsファイルを追加する

まず、3-7節で作成したメールを取得するGoogle Apps Scriptのプロジェクトを開きます。
左側の「ファイル」という文字の右側にある「＋」をクリックし、表示された選択肢から「スクリプト」をクリックします（画面1）。

▼**画面1　「＋」をクリックし、「スクリプト」をクリック**

新しいファイルが追加され、ファイル名を入力する状態になります。ファイル名は見分けがつけば何でもよいです。ここでは「Slack」としておきます（画面2）。

▼**画面2　ファイル名を入力**

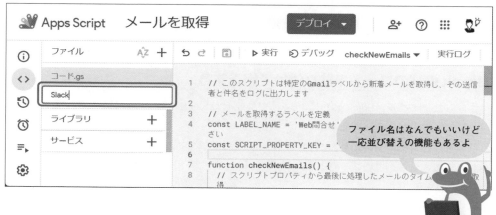

ファイル名を確定すると、自動で拡張子がついて「Slack.gs」が作成されました。
エディタには空っぽのmyFunction関数が入力されています（画面3）。

▼**画面3** 「Slack.gs」が作成された

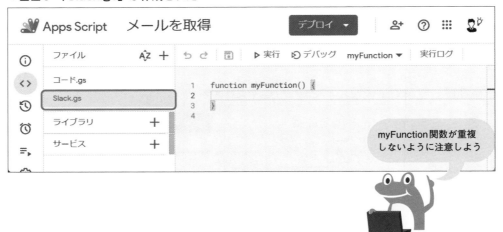

　このように、Google Apps Scriptでは最初に作成される「コード.gs」の他にも、スクリプトをgsファイルとして複数保存することができます。

　なお、ファイルが別であっても、同じプロジェクト内ならば、お互いの関数は同じファイルにあるときと同じように呼び出すことができます。

　なので、ファイルを分けることにあまり意味はありませんが、分けた方がメンテナンスがしやすい時などに活用するとよいでしょう。
　但し、ファイルを分けると関数名の重複に気付かないこと（特にmyFunction関数）がありますのでご注意ください。

Slack投稿のコードを貼り付けて修正する

　作成したファイル（Slack.gs）に、3-6節で作成したSlackにメッセージを投稿するコードを貼り付けて保存します（画面4）。
　貼り付けた後は、念のため、2行目のWebhook URLにSlackで取得したWebhook URLが正しく入っているかご確認ください。

▼**画面4** Slack.gsにSlackにメッセージを投稿するコードを貼り付けて保存

Slackに投稿する時には、投稿したいメッセージを引数にしてpostMessageToSlack関数を実行する仕様でしたね。

新着メールを取得してログ出力するコードの、ログ出力のところでSlack投稿の関数を実行するように修正すれば、新着メールを取得してSlackに通知するコードが完成するはずです。

ということで、「コード.gs」を開いて修正しましょう。

ログを出力している23行目の下に（リスト1）、postMessageToSlack関数の呼び出しを追加します（リスト2）。

▼**リスト1　修正前**

```
023:        console.log(notice);
```

▼**リスト2　修正後**

```
023:        console.log(notice);
024:        postMessageToSlack(notice); // 追加
```

ログ出力の行は消してもよいですが、残していても無害なので、今回はログ出力の下に関数の呼出しの文を追加しました。

checkNewEmails関数の中の変数noticeが、postMessageToSlack関数に引数として渡されてSlackに通知されることになります。

行を追加して保存したら一度checkNewEmails関数を実行してみましょう（画面5）。

なお、新着メールしか処理しない仕様なので、前回の実行時以降に新着メールがなければ新たなメールを受信するか、日付を管理しているスクリプトプロパティ（lastProcessedTimestamp）を削除してから実行してください。スクリプトプロパティは、1-6節で説明していますが、左側のメニューから「プロジェクトの設定」を開き、最下部にあるボタンから編集・削除が可能です。

また、今回Gmailの他にSlackに接続（外部サービスへの接続）するコードが追加されているので、権限の承認・許可の画面が複数開きますが、以前と同様に許可していってください。

▼**画面5　コード.gsを修正したらcheckNewEmails関数を実行する**

メールの情報がSlackに投稿されたら成功です！（画面6）

▼**画面6　新着メールの情報がSlackに投稿された**

トリガーの設定

無事にSlackへ通知できたら、今度は定期的に実行するようにトリガーを設定しましょう。

左側のメニューから「トリガー」をクリックしてトリガーの管理画面を開き、右下の［トリガーを追加］ボタンをクリックします（画面7）。

▼**画面7　トリガーの画面で［トリガーを追加］ボタンをクリック**

10分おきに実行するには、次のように設定します（表1）。

▼**表1　10分置きに実行するトリガーの設定**

実行する関数を選択	checkNewEmails
実行するデプロイを選択	Head
イベントのソースを選択	時間主導型
時間ベースのトリガーのタイプを選択	分ベースのタイマー
時間の間隔を選択	10分おき

時間の間隔についてはニーズに合わせて自由に設定してください（画面8）。

▼**画面8　10分おきに実行するトリガーの設定**

設定したら［保存］ボタンをクリックします。

これでトリガーが設定できました（画面9）。

▼画面9　トリガーが設定された

オーナー	前回の実行	導入	イベント	関数	エラー率
自分	-	Head	時間ベース	checkNewEmails	-

これでSlackから
新着メールに気づける
環境をつくれたね

いかがでしたでしょうか。

　今回は、Slackへの投稿と新着メールの取得を別々に作成してから、最後に合体するかたちで、新着メールをSlackに通知するGoogle Apps Scriptを作成しました。

　ChatGPTに複雑な指示をすると、失敗する確率が高まりますので、機能を分解して別々に作成させることはChatGPTでコードを作成するコツの1つです。これはAIだけでなく、人間がつくるときも同じですね。シンプルが一番です。

　また、細かく機能を分けることで、機能毎に他への使い回しがしやすくなります。今回作成したSlackへの投稿も新着メールの取得も、使い回ししやすい関数になっているので、ぜひ他のプロジェクトでも使ってみてください。

明日の予定を取得してチャットに通知する（Googleカレンダー）

実現したいこと

　ここではGoogleカレンダーから明日の予定を取得してチャットに投稿するGoogle Apps Scriptをつくります（図1）。

　前日の夕方くらいにチャットに投稿することで、明日の予定の把握と調整をするきっかけになります。少人数のチームで業務している場合には、チームメンバーに予定を共有するとお互いの業務がスムーズに進むかもしれません。

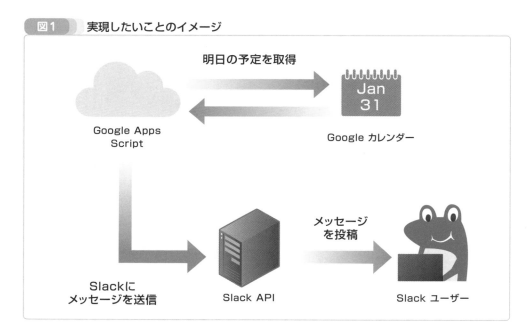

図1　実現したいことのイメージ

プロンプトをつくる

　ChatGPTには、予定を取得してログを出力するコードを生成させます。コードの生成がうまくいったことが確認できたら、前節のメール着信通知と同じようにSlack連携のコードを追加して合体させていきましょう。

　以下がGoogleカレンダーから明日の予定を取得してログ出力するGoogle Apps Scriptを指示するプロンプトです。

　何も指示しないと予定1件に対して都度ログを出力するコードを書いてしまうので、1日分をまとめて出力するように指示してみました。

1
2
3
4

プロンプト

Googleカレンダーから明日の予定を取得し、ログとして出力するGoogle Apps Scriptを書いてください。

1つの予定につき、開始時間と予定のタイトルで1行としてください。

ログは1日分をまとめて出力してください。

変数の宣言はletとconstを使用してください。

初級者でもわかるようにコードに適宜コメントを入れてください。

予定がなかったときに「予定はありません」とログ出力してください。

コードを生成する

次のリスト1がChatGPTの生成したコードです。

▼リスト1　生成されたGoogle Apps Script

```
001 : function getTomorrowsEvents() {
002 :     // デフォルトのカレンダーを取得
003 :     const calendar = CalendarApp.getDefaultCalendar();
004 :     // 今日の日付を取得
005 :     const today = new Date();
006 :     // 明日の日付を計算
007 :     const tomorrow = new Date(today);
008 :     tomorrow.setDate(today.getDate() + 1);
009 :     // 明日の開始時刻（00:00:00）と終了時刻（23:59:59）を設定
010 :     const startOfTomorrow = new Date(tomorrow.setHours(0, 0, 0, 0));
011 :     const endOfTomorrow = new Date(tomorrow.setHours(23, 59, 59,
      999));
012 :
013 :     // 明日の予定を取得
014 :     const events = calendar.getEvents(startOfTomorrow, endOfTomorrow);
015 :     // ログの初期文を設定
016 :     let log = `Events for ${tomorrow.toDateString()}: \n`;
017 :     // 予定がある場合、それぞれの予定についての情報をログに追加
018 :     if (events.length > 0) {
019 :       for (let event of events) {
020 :         // 予定の開始時間をフォーマット
021 :         const startTime = Utilities.formatDate(event.getStartTime(),
      Session.getScriptTimeZone(), "HH:mm");
022 :         // 予定のタイトルを取得
023 :         const title = event.getTitle();
```

```
024:        // 開始時間とタイトルをログに追加
025:        log += `${startTime} - ${title}\n`;
026:      }
027:   } else {
028:     // 予定がない場合のメッセージをログに追加
029:     log += "予定はありません\n";
030:   }
031:   // 完成したログをコンソールに出力
032:   console.log(log);
033: }
```

コードの解説

　ここで簡単にコードを解説します。ここで登場する関数はgetTomorrowsEvents関数の一つだけです。この関数の中で明日の予定を取得して結果をログとして出力しています。

getTomorrowsEvents関数

　3行目でデフォルトのカレンダーを取得しています。デフォルトのカレンダーというのは、Googleカレンダーを利用するときに最初につくられている、ユーザー個人のカレンダーです。Google Apps Scriptを実行している本人のデフォルトカレンダーをCalendarAppのgetDefaultCalendarメソッドで取得できます。

　次に、明日の日付を取得するのですが、手順としては、現在の日時を取得してから明日の日付を計算することになります。5行目で変数todayに現在の日時を入れて、7行目で変数tomorrowにも一旦同じ日時を入れています。そのあとの8行目で、変数tomorrowにはsetDateメソッドで今日の日付に1を足した日付を設定し、明日の日付にしています。

　この時点で、変数tomorrowには明日の日付の現在の時刻が入っている状態です。カレンダーから予定を取得するには取得したい期間の開始日時と終了日時を指定する必要があるので、10～11行目で変数startOfTomorrowと変数endOfTomorrowに明日の開始時刻（00:00:00）と終了時刻（23:59:59）の日時データをそれぞれ入れています。

　14行目では、カレンダーのgetEventsメソッドの引数に開始時刻（変数startOfTomorrow）と終了時刻（変数endOfTomorrow）を指定して、その期間内にあるカレンダーの予定を取得し、配列としてeventsに格納しています。

　16行目で、変数logを宣言して、取得した予定を1行ずつ追加していくのですが、最初の行

には明日の日付を出力したいので、toDateString メソッドで変数 tomorrow の日付を文字列で出力しています。

18行目のif文ではevents.lengthで予定の数を判定しています。なお、配列.lengthで、配列にある要素の数を取得できます。

予定が1件以上ある場合は、19～26行目でfor…of文を使用して予定の開始時刻とタイトルを1件ずつ変数ログに追記していきます。21行目のUtilities.formatDateは日付データを指定した形式の文字列に変換するメソッドです。getStartTimeメソッドで予定の開始時刻を取得しています。ここでは"HH:mm"という形式を指定しているので、たとえば午前9時からの予定であれば09:00と変換されます。23行目のgetTitleメソッドでは予定のタイトルを取得しています。

予定が1件もない場合は、27～30行目のelseのブロックが実行されて「予定はありません」という文字列を変数logに追記します。予定があってもなくても、最後に32行目でログを出力して終了します。

Google Apps Scriptを作成する

今回もスタンドアロン型で作成します。Googleドライブの［新規］ボタンからGoogle Apps Scriptを作成してください（画面1）。

▼**画面1** Googleドライブから Google Apps Scriptを作成

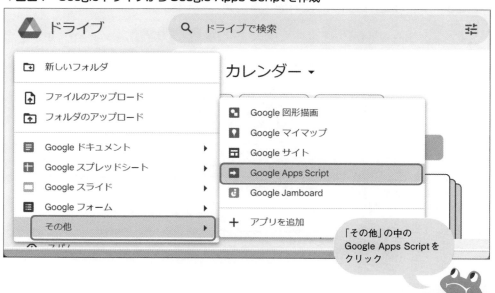

「その他」の中の
Google Apps Script を
クリック

Google Apps Script プロジェクトを作成したら、エディタに生成したコードを貼り付けて保存します（画面2）。

▼**画面2　エディタに生成したコードを貼り付けて保存**

貼り付けたら保存して
実行してみよう

関数は1つですのでそのまま「実行」または「デバッグ」をクリックして実行しましょう。
権限の承認、許可画面がでますので、承認・許可してください。
画面3のように予定が出力されたら成功です。

▼**画面3　明日の予定がログに出力された**

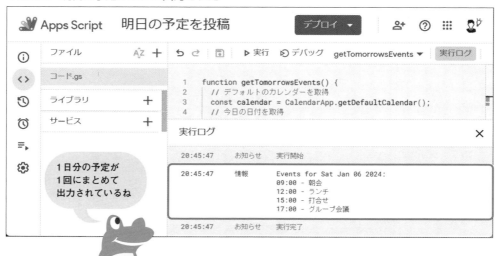

1日分の予定が
1回にまとめて
出力されているね

1行目が英語になってしまって見た目が微妙ですが、気になる方は「明日の予定」と日本語にしたり、日付のフォーマットを変えたりなど、16行目を適宜修正してみてください。

gsファイルを追加する

　明日の予定一覧をうまく出力できたことを確認したら、前回と同じように、ログ出力の部分をSlackに通知する機能を追加しましょう。

　左上の「ファイル」という文字の右側にある「＋」をクリックし、表示された選択肢から「スクリプト」をクリックします。
　ファイル名を入力する状態になったら、「Slack」と入力して確定すると「Slack.gs」が作成されます。

　「Slack.gs」のスクリプトエディタに、3-6節で作成したSlack投稿のコードを貼り付けて保存しましょう。
　また、2行目のWEBHOOK_URLが正しいものになっているか、念のためご確認ください（画面4）。

▼**画面4　Slack.gsを追加しSlack投稿のコードを貼り付けた**

```
1   // SlackのWebhook URLを定数として定義
2   const WEBHOOK_URL = "https://hooks.slack.com/services/...";
3   // Slackにメッセージを投稿する関数
4   function postMessageToSlack(message) {
5     // Slackに送信するためのペイロードを準備
6     const payload = JSON.stringify({ text: message });
7     // URL Fetch サービスを使用してSlackにリクエストを送信
8     const options = {
9       method: 'post',
10      contentType: 'application/json',
11      payload: payload
12
```

今回もSlack投稿の
コードを使い回すよ

コードを修正する

　次に、「コード.gs」のファイルに戻ってSlack投稿の関数を呼び出すように修正しましょう。
　ログを出力している32行目の下に、postMessageToSlack関数への呼出しを追加します（リスト2、3）。

▼**リスト2　修正前**

```
032:    console.log(log);
```

▼リスト3　修正後

```
032:    console.log(log);
033:    postMessageToSlack(log); // 追加
```

　追加して保存したら試しにgetTomorrowsEvents関数を実行してみましょう。

　今回カレンダーの他にSlackに接続（外部サービスへの接続）するコードが追加されているので、権限の承認・許可の画面が複数開きますが、以前と同様に許可していってください。

　Slackに明日の予定を投稿できたら成功です（画面5）。

▼**画面5　Slackに明日の予定を投稿できた**

無事Slackに予定を
投稿できたね

トリガーの設定

無事にSlackへ投稿できたら、今度は定期的に実行するようにトリガーを設定しましょう。

Google Apps Scriptのプロジェクトに戻り、左側のメニューからトリガーの管理画面を開いて、右下の［トリガーを追加］ボタンをクリックします（画面6）。

▼**画面6　トリガーの管理画面からトリガーを追加**

今回もトリガーを追加して
自動実行させるよ

毎日夕方17時台に実行するには、次の表1のように設定します（画面7）。

▼**表1　毎日夕方17時台に実行するトリガー設定**

実行する関数を選択	getTomorrowsEvents
実行するデプロイを選択	Head
イベントのソースを選択	時間主導型
時間ベースのトリガーのタイプを選択	日付ベースのタイマー
時間の間隔を選択	午後5時〜6時

時間の間隔についてはニーズに合わせて自由に設定してください。
設定したら［保存］ボタンをクリックします（画面7）。

▼**画面7　毎日夕方17時台に実行するトリガー設定**

これでトリガーが設定できました（画面8）。

▼**画面8　トリガーが設定された**

これで夕方17時台に明日の予定がSlackに自動投稿されるようになりました。

今回は「明日」の予定にしましたが、「今日」の予定を朝に投稿させることもできますね。ほかにも投稿する曜日を固定するなど、設定を追加してみたりして、ぜひご活用ください。

3-10 メールを予約送信する（Googleスプレッドシート）

実現したいこと

　ここでは、指定した時間帯になったら用意しておいたメールを送信する、メールの送信予約をスプレッドシートによって実現したいと思います（図1）。

　スプレッドシートを簡易的なデータベースとして使用する方法を学びましょう。

図1　実現したいことのイメージ

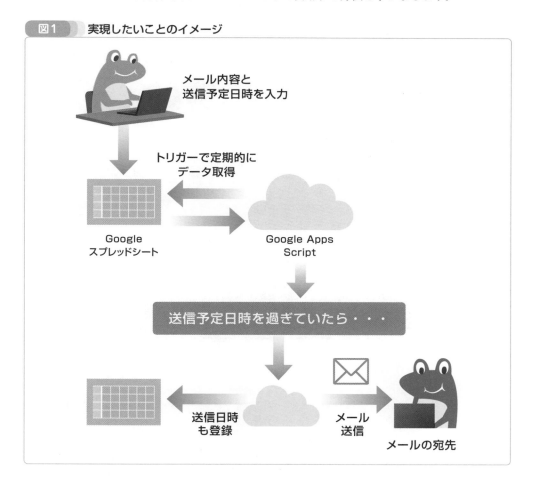

メール内容と
送信予定日時を入力

トリガーで定期的に
データ取得

Google
スプレッドシート

Google Apps
Script

送信予定日時を過ぎていたら・・・

送信日時
も登録

メール
送信

メールの宛先

スプレッドシートの作成

まずはGoogleドライブから空のスプレッドシートを作成しましょう。

スプレッドシートは宛先、件名、本文と送信予定日時をセットするために使います。

Google Apps Scriptを実行した時に送信予定日時を過ぎていたらメールを送信します。

送信したら、同じメールを再度送信することがないように、送信日時を登録するようにします。

スプレッドシートは画面1のような状態にしておきます。

A〜E列を左から、宛先、メール件名、メール本文、送信予定日時、送信日時の入力欄とします。1行目はタイトル行で、データは2行目から始まります。わかりやすいよう1行目に色をつけました。

テスト用にデータをいくつか登録しておきましょう（画面1）。

▼**画面1　スプレッドシートのイメージ**

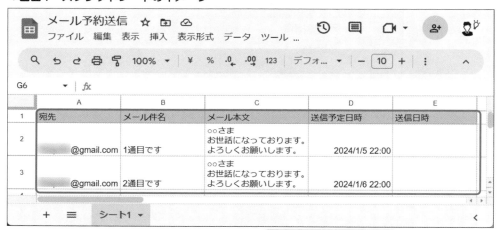

E列のデータは空欄にしておいて、
メールが送信された後に
送信日時を登録するよ

なんとなく動きをイメージできましたでしょうか。

このイメージがChatGPTに伝わるようにプロンプトを作成していきます。

プロンプトをつくる

今回は少し長いです。

ざっくり解説すると、最初にスプレッドシートの構造を説明しています。

そのあと、各行で判定する条件と、条件を満たした場合に実行する内容を提示してみました。

プロンプト

以下の条件に従って、メールを送信するGoogle Apps Scriptを書いてください。Googleスプレッドシートの A～D 列に、宛先、メール件名、メッセージ、送信予定日時が入っています。

1行目はタイトル行で、データは2行目以降に入力されています。

実行時にスプレッドシートからデータを読込み、データ行を1行ずつ確認して、以下の2つの条件を両方満たす場合に、メールを送信し、さらに、送信した日時をE列に登録します。

条件1: E列が空欄である

条件2: 実行開始時点の日時がD列の送信予定日時を過ぎている

変数の宣言はletとconstを使用してください。

初級者でもわかるように適宜コメントを入れてください。

なるべく確実なコードを生成できるように具体的な指示をしましたが、やりたいことを実現する方法がなかなかイメージできない時は、悩む前に「スプレッドシートとGoogle Apps Scriptを使ってメールを予約投稿する方法を教えてください」とざっくり聞いてみてもよいでしょう。

コードを生成する

ChatGPTが生成したコードは次のリスト1です。

▼リスト1　ChatGPTが生成したメールを予約送信するコード

```
001: function sendScheduledEmails() {
002:   // スプレッドシートを開く
003:   const sheet = SpreadsheetApp.getActiveSpreadsheet().
       getActiveSheet();
004:   // 現在の日時を取得
005:   const now = new Date();
006:   // スプレッドシートのデータを読み込む
007:   const dataRange = sheet.getRange(2, 1, sheet.getLastRow() - 1, 5);
008:   const data = dataRange.getValues();
009:   // 各行をループして条件を確認
010:   for (let i = 0; i < data.length; i++) {
```

```
011:     // 分割代入を使用して、行のデータを変数に代入
012:     const [emailAddress, subject, message, scheduledDate, sentDate]
   = data[i];
013:     const scheduleDate = new Date(scheduledDate); // 送信予定日時を
   Dateオブジェクトに変換
014:     // 条件1: E列が空欄であること
015:     // 条件2: 現在時刻が送信予定日時を過ぎていること
016:     if (!sentDate && now > scheduleDate) {
017:       // メールを送信
018:       GmailApp.sendEmail(emailAddress, subject, message);
019:       // 送信日時をE列に記録
020:       sheet.getRange(2 + i, 5).setValue(new Date());
021:     }
022:   }
023: }
```

● コードの解説

　プロンプトが長かったわりに生成されたコードは意外と短かったですね。短くシンプルなコードの方が読みやすく保守性も高まります。なるべく要件を整理してシンプルなコードになるようにこころがけたいですね。

　さて、関数はsendScheduledEmails関数のみです。この中で、スプレッドシートからデータを取得し、for文で1件ずつデータを確認して、条件に合致したらメール送信するという処理を行っています。

● sendScheduledEmails関数

　最初に、「SpreadsheetApp.getActiveSpreadsheet().getActiveSheet()」でアクティブなシートを取得しています。分解すると、まずSpreadsheetApp というのは、スプレッドシートを扱うためのメソッドが用意されたトップレベル（最上位）のオブジェクトです。次のgetActiveSpreadsheetメソッドは、コンテナバインド型のみで使えるもので、紐付いているスプレッドシートを取得します。次のgetActiveSheetメソッドは、現在選択されている（アクティブな）シートを取得します。手順どおり作成していればシートは「シート1」の1つしかないので、シート1を取得するはずです。

　5行目で現在の日時を取得したのちに、7〜8行目でスプレッドシートにあるデータを取得します。順序としては、getRangeメソッドでデータが入力されている範囲を指定してからgetValuesで範囲内のセルのデータを二次元配列で取得します。

getRangeメソッドは、シートの範囲を指定するもので、ここでは4つの引数に左から、開始行番号、開始列番号、行数、列数を入れて、範囲を指定しています。getLastRowメソッドは、シートの最後の行番号を取得します。1行目はタイトル行なので、最後の行番号から1を引いてデータの行数を指定しています。

データを取得したら、10〜22行目で二次元配列の入った変数dataに対して、for文を使って1行ずつ処理を繰り返していきます。

12行目では、各セルに入った要素（宛先、件名、本文、送信予定日時、送信日時）を5つの変数に分割代入しています。分割代入は、順番に並べた変数に、配列の要素を一気に代入できる方法です。ここでは data[i] に入っている行の要素（各セルの値）を5つの変数に一度に代入しています。13行目では、送信予定日時を現在の日時と比較できるようにDateオブジェクトに変換しています。

16行目では、「送信日時が空欄」かつ「送信予定日時を過ぎている」という条件を満たすか確認して、満たしていれば18行目でメールを送信しています。さらに20行目ではデータのある行（2 + i行目）のE列（5列目）のセルに送信日時として現在の値をsetValueメソッドで登録しています。これによって送信日時が空欄ではなくなるので、次回からはメール送信対象外になりますね。

ちなみに、getRangeメソッドは1セルでも複数セルでも対応できますが、8行目のsetValuesや20行目のsetValueのように、valueを扱うメソッドでは、セルが1つだけなら単数形のgetValueやsetValueを使用し、セルが複数なら複数形のgetValuesやsetValuesを使用する必要がありますので、単数形・複数形にご注意ください。

Google Apps Scriptを作成する

さきほど作成したスプレッドシートの「拡張機能」メニューから「Apps Script」をクリックして、コンテナバインド型のGoogle Apps Scriptを作成しましょう（画面2）。

▼画面2　スプレッドシートの「拡張機能」から「Apps Script」をクリック

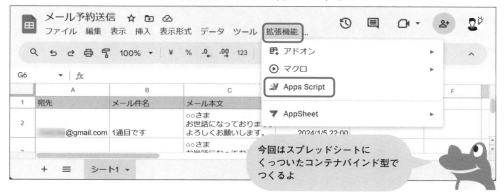

コードを貼り付けて実行

スクリプトエディタが開いたら、生成したコードを貼り付けて実行してみましょう（画面3）。権限の承認・許可の画面が複数開きますが、以前と同様に許可していってください。

▼画面3　生成したコードを貼り付けて実行する

コードを貼り付けたら保存して実行してみよう

宛先で指定したメールアドレスにメールが届いていれば成功です（画面4）。

▼画面4　指定したメールアドレスにメールが届いた

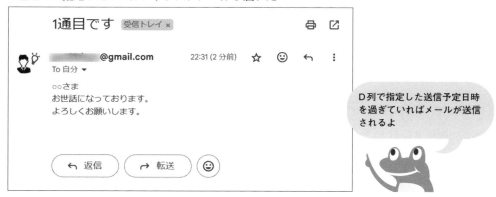

D列で指定した送信予定日時を過ぎていればメールが送信されるよ

スプレッドシートに送信日時が登録されているかも確認してみましょう（画面5）。

▼**画面5　スプレッドシートに送信日時が登録された**

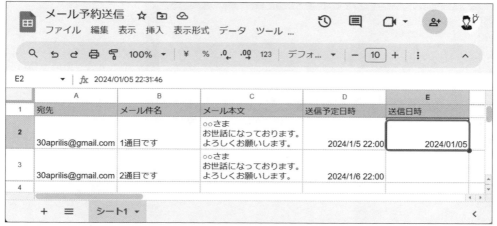

無事にスプレッドシートも
更新できているね

E列に送信日時が登録されているのが確認できました。E列に送信日時が入っている（空欄でない）行は次回以降、メール送信対象から除外されます。

トリガーの設定

無事に実行されたことを確認できたら、今度は定期的に実行するようにトリガーを設定しましょう。

左側のメニューからトリガーの管理画面を開き、右下の［トリガーを追加］ボタンをクリックします。

30分おきに実行するには、表1のように設定をします（画面6）。

▼**表1　30分おきに実行するトリガー設定**

実行する関数を選択	sendScheduledEmails
実行するデプロイを選択	Head
イベントのソースを選択	時間主導型
時間ベースのトリガーのタイプを選択	分ベースのタイマー
時間の間隔を選択	30分おき

時間の間隔についてはニーズに合わせて自由に設定してください。

▼**画面6　30分おきに実行するトリガー設定**

今回は30分おきに
してみよう

設定したら［保存］ボタンをクリックします。これでトリガーが設定できました（画面7）。

▼**画面7　トリガーが設定された**

同じようなメールを
複数送りたいときに
便利そうだね

いかがでしたでしょうか。

メールアドレスはカンマ(,)で区切れば複数のアドレスに送信することが可能です。

メールではなくチャットに予約投稿するようカスタマイズするのもよさそうですね。ぜひ活用してみてください。

3-11 PDFを一括作成する
(GoogleスプレッドシートとGoogleドキュメント)

実現したいこと

　ここでは、スプレッドシートのデータを利用して、複数のPDFファイルを一括で作成する Google Apps Scriptをつくります（図1）。

　例として、給与辞令（社員に新しい給与額を通知する文書）を題材にして作成することにします。前節と同様にスプレッドシートを簡易的なデータベースとして使用していきます。

　PDFを作成するには、一度Googleドキュメントを作成する必要があるのですが、Google Apps ScriptでゼロからGoogleドキュメントを作成すると、結構な手間がかかります。書式を設定したり、表を作成したりといったことをすべてコードで記述するのは大変ですし、修正したら都度実行してみないと結果を確認できないので時間がかかります。

　そこで、Googleドキュメントを作成する時におすすめの方法は、事前にテンプレートとなるドキュメントを作成しておき、それをコピーすることです。テンプレートは普段と同じようにドキュメントを作成できるので簡単です。氏名や金額など可変のデータは、目印となる「置換タグ」を文字列としてドキュメント内に入力しておき、その文字列を実際のデータに置き換える処理をします。

図1　実現したいことのイメージ

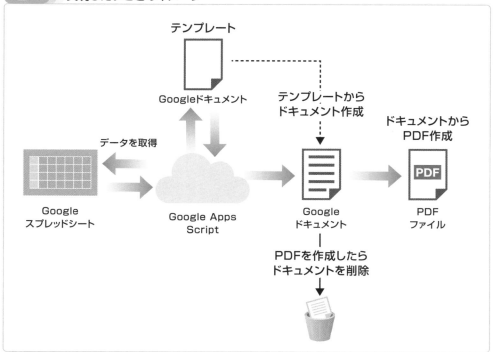

　PDF作成の過程で生成されるGoogleドキュメントのファイルは、PDFの作成後、不要になるので削除します。

● テンプレート用のドキュメント作成

　最初にテンプレートとなるGoogleドキュメントを作成しましょう。

　Googleドライブの［新規］ボタンからGoogleドキュメントを作成してください（画面1）。

▼**画面1**　Googleドライブで Google ドキュメントを作成する

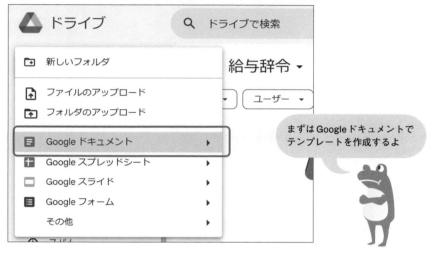

　テンプレートとなるドキュメントは自由に作成してください。置換を行う可変部分は、「‖項目名‖」の形式でそれぞれ入力しておきましょう。ここでは画面2のようなテンプレートを作成しました。

▼**画面2 テンプレート用ドキュメント作成例**

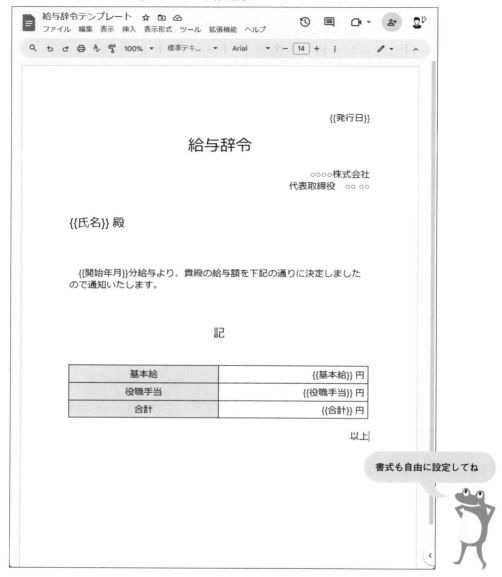

　テンプレートができたところで、作成したドキュメントのURLを確認してください。URLには、このドキュメントのIDが含まれています。例えば、以下のようなURLであれば、1から始まり、スラッシュ（/）の手前までの「1xxxxxxxxxxxxxxxx」の部分がドキュメントのIDです（画面3）。

https://docs.google.com/document/d/1xxxxxxxxxxxxxxxx/edit

▼**画面3** URLにドキュメントのIDが含まれている

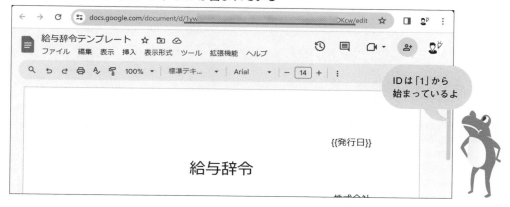

このドキュメントIDは後ほどGoogle Apps Scriptのコード内で使用します。

● Googleドライブのフォルダを作成

次に、一括作成したPDFを格納するためのフォルダを作成しましょう。Googleドライブの
［新規］ボタンから、「新しいフォルダ」をクリックしてフォルダを作成します（画面4）。

▼**画面4** Googleドライブで新しいフォルダを作成する

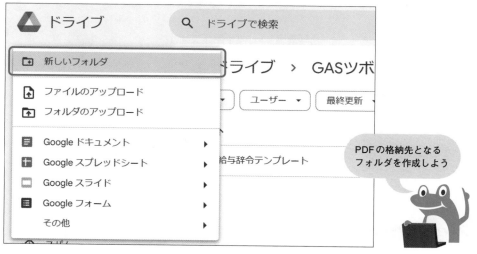

フォルダ名は「PDF保存フォルダ」としました（画面5）。

▼**画面5　PDFを保存するフォルダが作成された**

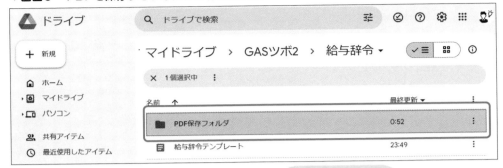

このフォルダに作成した
PDFを格納するよ

さきほどのドキュメントIDと同様に、Google ドライブでフォルダを開いているときのURL からフォルダIDを確認できます。「/folders/」の後の「1」から始まる英数字です（画面6）。

▼**画面6　URLでフォルダIDを確認できる**

こちらもIDは「1」で
始まっているね

スプレッドシートの作成

　最後にスプレッドシートを作成していきましょう。Google ドライブの［新規］ボタンから、Google スプレッドシートを作成します（画面7）。

▼**画面7** Googleドライブで Googleスプレッドシートを作成する

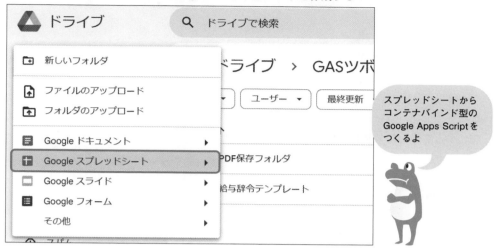

スプレッドシートから
コンテナバインド型の
Google Apps Scriptを
つくるよ

　ここで作成したスプレッドシートにコンテナバインド型のGoogle Apps Scriptを作成することになりますが、まずはスプレッドシートにデータを入れていきましょう。A〜F列を左から、発行日、開始年月、氏名、基本給、役職手当、合計の入力欄にします。また、1行目はタイトル行で、データは2行目から始まります。わかりやすいよう1行目に色をつけました。F列にはスプレッドシート上で数式を入れてD列とE列の合計を算出しています。

　テスト実行するときのために、画面8のようにいくつかデータを登録しておきましょう。

▼**画面8** スプレッドシートにテストデータを入力した

	A	B	C	D	E	F
1	発行日	開始年月	氏名	基本給	役職手当	合計
2	2024年3月16日	2024年4月	瓦斯 太郎	400,000	50,000	450,000
3	2024年3月16日	2024年4月	王分 AI子	350,000	30,000	380,000
4	2024年3月16日	2024年4月	茶都 時比太	330,000	10,000	340,000
5	2024年3月16日	2024年4月	宇井 素羽子	300,000	0	300,000
6						

給与辞令作成

ファイル　編集　表示　挿入　表示形式 …

100% ▼　¥　%　.0　.00　123　デフォ… ▼

H15

ここで入力したデータが
PDFに反映されるよ

このようなスプレッドシートの状態がChatGPTに伝わるようにプロンプトを作成していきます。

プロンプトをつくる

それではプロンプトを書いていきましょう。前節に引き続き、今回も少し長いプロンプトになります。

例によって最初にスプレッドシートの構造を説明しています。そのあと、ドキュメントを作成する方法をなるべく詳細に記載しています。

> **プロンプト**
>
> 以下の条件に従って、スプレッドシートからPDFを作成するGoogle Apps Scriptを書いてください。
> GoogleスプレッドシートのA〜F列に、発行日、開始年月、氏名、基本給、役職手当、合計が入っています。
> 1行目はタイトル行で、データは2行目以降に入力されています。
> 実行時にスプレッドシートからデータを読込み、データ1行に対して1件のPDFを作成します。
> PDFは、特定のGoogleドキュメントをコピーし、置換タグをデータに置換してからPDFにします。
> 作成したPDFは特定のフォルダに保存します。
> フォルダIDとテンプレートドキュメントのIDは定数として指定します。
> PDFのファイル名は「給与辞令_{{開始年月}}_{{氏名}}」の形式にしてください。
> スプレッドシートから実行できるようにカスタムメニューを追加してください。
> Google Apps Scriptはスプレッドシートにバインドされています。
> 変数の宣言はletとconstを使用してください。
> 初級者でもわかるように適宜コメントを入れてください。

コードを生成する

プロンプトを送信してChatGPTが最初に生成したコードがリスト1です。

▼リスト1　最初に生成されたコード（※エラーが発生します）

```
001: // スプレッドシートとドキュメントのテンプレート、保存フォルダのID
002: const TEMPLATE_ID = 'YOUR_TEMPLATE_DOCUMENT_ID'; // テンプレートドキュメントのIDを設定
003: const FOLDER_ID = 'YOUR_FOLDER_ID'; // PDFを保存するフォルダのIDを設定
004:
```

```
005 : /**
006 :  * スプレッドシートにカスタムメニューを追加する
007 :  */
008 : function onOpen() {
009 :   const ui = SpreadsheetApp.getUi();
010 :   ui.createMenu('給与辞令PDF生成')
011 :     .addItem('PDFを生成', 'createPdfs')
012 :     .addToUi();
013 : }
014 :
015 : /**
016 :  * スプレッドシートのデータからPDFを生成する
017 :  */
018 : function createPdfs() {
019 :   const sheet = SpreadsheetApp.getActiveSpreadsheet().
       getActiveSheet();
020 :   const dataRange = sheet.getRange(2, 1, sheet.getLastRow() - 1, 6);
       // 1行目はタイトル行なので除外
021 :   const data = dataRange.getValues();
022 :   // 1行ずつデータを渡してPDFを生成
023 :   for(const row of data){
024 :     createPdf(row);
025 :   };
026 : }
027 :
028 : /**
029 :  * 1行のデータからPDFを生成する
030 :  * @param {Array} rowData - スプレッドシートの1行分のデータ
031 :  */
032 : function createPdf(rowData) {
033 :   const [issueDate, startDate, name, basicSalary, positionAllowance,
       total] = rowData;
034 :   let doc = DocumentApp.openById(TEMPLATE_ID).copy('給与辞令_一時ド
       キュメント');
035 :   let body = doc.getBody();
036 :
037 :   // 置換タグをデータに置換
038 :   body.replaceText('{{発行日}}', issueDate);
039 :   body.replaceText('{{開始年月}}', startDate);
040 :   body.replaceText('{{氏名}}', name);
041 :   body.replaceText('{{基本給}}', basicSalary.toString());
```

```
042:    body.replaceText('{{役職手当}}', positionAllowance.toString());
043:    body.replaceText('{{合計}}', total.toString());
044:
045:    doc.saveAndClose();
046:
047:    const pdf = DriveApp.getFileById(doc.getId()).getAs('application/
       pdf');
048:    const folder = DriveApp.getFolderById(FOLDER_ID);
049:    folder.createFile(pdf).setName(`給与辞令_${startDate}_${name}`);
050:
051:    DriveApp.getFileById(doc.getId()).setTrashed(true); // 一時ドキュメ
       ントを削除
052: }
```

● コードの解説

ここで生成されたコードについて、関数ごとに中身を解説します。

● onOpen関数

1-11節のトリガーで紹介しましたが、onOpenという名前で関数をつくると、スプレッドシートを開いたときに自動で実行されます。ここでは、Google Apps Scriptのスクリプトエディタを開かなくてもスプレッドシートの画面上から指定した関数を実行できるように、カスタムメニューを追加しています。

具体的には、「給与辞令PDF生成」というメニューと、その中に「PDFを生成」というアイテムを追加して、クリックしたらcreatePdfs関数を実行するように指定しています。実際にどのように表示されるかは、本節の最後に画面キャプチャで紹介しています（画面17）。

● createPdfs関数

メインの関数です。この関数ではスプレッドシートからデータを取得して、1件ずつPDFを生成する関数を呼び出しています。

20行目のgetRangeメソッドは、シートの範囲を指定するもので、ここでは4つの引数に左から、開始行番号、開始列番号、行数、列数を入れて、範囲を指定しています。

getLastRowメソッドは、シートの最後の行番号を取得します。1行目はタイトル行なので、最後の行番号から1を引いてデータの行数を指定しています。

21行目のgetValuesメソッドは、getRangeで指定した範囲にある値のデータを二次元配列で取得し、dataに格納しています。このdataを23〜25行目のfor…of文で1行ずつcreatePdf関数に渡してPDFを作成しています。

● createPdf関数

引数rowDataに入ってきた配列の各要素を、33行目で6つの変数に一度に代入（分割代入）しています。変数に代入せずrowData[3]のように配列の要素番号を指定して後続の処理をすることもできますが、やはり意味のある変数名がついていた方がわかりやすいですね。

34行目でテンプレートのドキュメントをコピーするかたちで新しいドキュメントを作成しています。ファイル名は「給与辞令_一時ドキュメント」としていますが、このドキュメントはPDF作成後に削除するので名前はなんでもよいです。ちなみに先に結論をいってしまうと、この部分でエラーが発生します。エラーの原因については後ほど詳しく説明します。

新しいドキュメントファイルを作成したら、38〜43行目でドキュメント内にある6つの置換タグについてそれぞれ置換処理を行います。replaceTextメソッドは、1つめの引数に指定した文字列を2つめの引数の文字列に置き換えます。

45行目のsaveAndCloseメソッドは変更したドキュメントを保存して閉じます。スクリプト実行時に行ったドキュメントの変更は、スクリプト実行の終了時に自動的に保存されますが、スクリプトの中でドキュメントを使用して次の処理を行う場合は、このように明示的に保存する必要があります。

今回の場合は、ドキュメントを使って、次にPDF作成処理をしますが、ここで保存をしておかないと、置換処理がされる前（テンプレートのまま）の状態でPDFが作成されてしまいます。ドキュメントから作成したPDFは置換前の状態で保存されているのに、ドキュメントを確認してみると（スクリプト実行が完了し自動保存された後なので）ちゃんと置換されている、という不思議な状況に一瞬パニックになります。Googleドキュメントを扱う時にハマりがちなポイントなのでご注意ください。

さて、ドキュメントを保存したら、PDFを作成します。47行目のgetAsメソッドの引数に'application/pdf'を指定することで、ドキュメントをPDFに変換したデータを取得できます。48行目でIDから指定したフォルダを取得して、49行目でフォルダにPDFファイルを作成（createFileメソッド）し、setNameメソッドでファイル名を設定しています。

PDFの作成ができたら、51行目でPDFを作成するために使用したドキュメントを削除します。これで1つのPDFファイル作成処理が完了します。

コラム

JSDocとは

・・・

　createPdf関数の上に4行の複数行コメントが記載されていることのお気づきでしょうか。

```
/**
 * 1行のデータからPDFを生成する
 * @param {Array} rowData - スプレッドシートの1行分のデータ
 */
```

　こちらはJSDocといって、コードとともにコードに関する情報を残すためのコメントです。未来の自分を含め、コードを読んだ人がその内容を理解するのに役立ちます。1行目は「/**」で始まり、「 */」で終わる、複数行コメントとして記載されています。

　今回の例では、コメントの2行目に関数の概要、3行目に引数に入れるデータの型、引数の名前、説明が記載されていますね。「@param」は引数を示し、波括弧{}はデータの型を示す記号で、Arrayは配列という意味です。

　このように、JSDocの記載方法にはルールがあるので、自力で書こうと思ったら、ある程度の知識が必要になりますが、知識がなくてもChatGPTでコードを作成するときにJSDocをつけるよう依頼すれば自動で作成してくれますし、今回のように何も指定していなくても勝手につけてくることもあります。JSDocというものがあるんだな、ということだけ覚えておきましょう。

● Google Apps Scriptを作成する

　さきほど作成したスプレッドシートの「拡張機能」メニューから「Apps Script」をクリックして、コンテナバインド型のGoogle Apps Scriptを作成しましょう（画面9）。

▼**画面9　スプレッドシートの「拡張機能」から「Apps Script」をクリック**

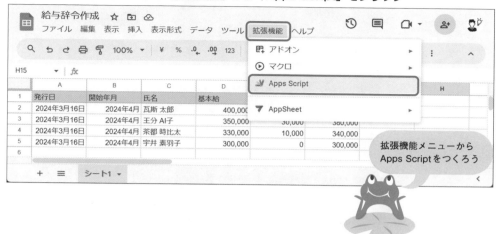

　スクリプトエディタが開いたら、生成されたコードを貼り付けます。さらに、さきほど作成したテンプレート用ドキュメントのIDとPDF保存用フォルダのIDを2行目と3行目に入れて、createPdfs関数を選択し、実行してみましょう（画面10）。権限の承認・許可の画面が複数開きますが、これまでと同様に許可していってください。

▼**画面10　生成したコードを貼り付けて実行する**

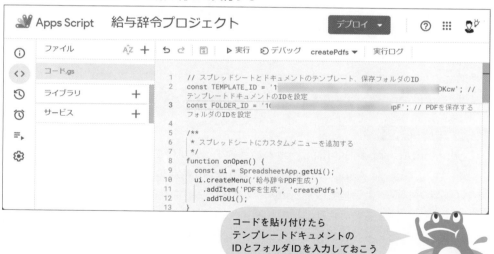

　実行すると次のようなエラーが発生しました（画面11）。

```
TypeError: DocumentApp.openById(...).copy is not a function
```

▼**画面11　エラーが発生した**

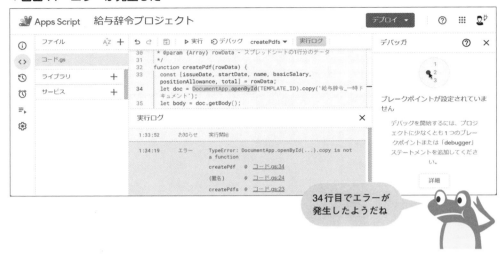

34行目でエラーが
発生したようだね

● エラーの原因と修正

エラー内容をコピーしてChatGPTを開き、コードを作成したチャットの続きに以下のプロンプトを送信してみます。

プロンプト

実行しましたが、以下のエラーが発生します。
TypeError: DocumentApp.openById(...).copy is not a function

すると、ChatGPTは、以下のようにエラーの原因を教えてくれます。

ChatGPTからの回答（抜粋）

DocumentApp.openById(...).copyというメソッドが存在しないことを示すエラーです。Google Apps Scriptでは、DocumentAppのopenByIdメソッドで開いたドキュメントに対して直接copyメソッドを使用することはできません。
この問題を解決するためには、まずドキュメントをDriveAppでコピーし、その後にコピーされたドキュメントをDocumentAppで操作するように修正します。

要するに、最初に作成したコードの中で、存在しない処理を記述してしまったようです。わかっているなら最初から正しいコードで生成してくれよ、といいたいところですが、現時点のChatGPTでは一発で完璧なコードが出てこないことはよくあります。

一方で、ChatGPTは修正したコードを生成してくれますので、さっそく修正してみましょう。修正されたcreatePdf関数のコードはリスト2のとおりです。

▼リスト2　修正されたcreatePdf関数

```
028: /**
029:  * 1行のデータからPDFを生成する
030:  * @param {Array} rowData - スプレッドシートの1行分のデータ
031:  */
032: function createPdf(rowData) {
033:   const [issueDate, startDate, name, basicSalary, positionAllowance,
       total] = rowData;
034:   // DriveAppを使用してテンプレートをコピー
035:   const templateFile = DriveApp.getFileById(TEMPLATE_ID);
036:   const tempFile = templateFile.makeCopy('給与辞令_一時ドキュメント');
037:   const tempDoc = DocumentApp.openById(tempFile.getId());
038:   let body = tempDoc.getBody();
039:
040:   // 予約語をデータで置換
041:   body.replaceText('{{発行日}}', issueDate);
042:   body.replaceText('{{開始年月}}', startDate);
043:   body.replaceText('{{氏名}}', name);
044:   body.replaceText('{{基本給}}', basicSalary.toString());
045:   body.replaceText('{{役職手当}}', positionAllowance.toString());
046:   body.replaceText('{{合計}}', total.toString());
047:
048:   tempDoc.saveAndClose();
049:
050:   const pdf = tempFile.getAs('application/pdf');
051:   const folder = DriveApp.getFolderById(FOLDER_ID);
052:   folder.createFile(pdf).setName(`給与辞令_${startDate}_${name}`);
053:
054:   tempFile.setTrashed(true); // 一時ドキュメントを削除
055: }
```

　「DriveAppを使用してテンプレートをコピー」とコメントが入っている部分、DriveAppを使用してテンプレート用のドキュメントのコピーを作成するように、コードが修正されているのが確認できますね。元のコードのうち、createPdf関数をこの修正されたものに書き換えて、再びcreatePdfs関数を選択した状態で実行しましょう。今回はエラーが発生することなく実行完了しました（画面12）。

▼**画面12　エラーが発生せず実行完了した**

今度はエラーが出ずに
実行完了したね

　それでは、保存用のフォルダを確認してみましょう。すると、PDFは作成されているようです（画面13）。

▼**画面13　PDFは作成されているがファイル名がおかしい**

ファイル名が
長すぎておかしいね

　確かにPDFファイルは作成されているものの、よく見ると何やらファイル名がおかしなことになっていますね。これは何かがうまくいっていないようです。作成されたPDFファイルをダブルクリックして中身も確認してみましょう（画面14）。

▼画面14　作成されたPDFファイルの中身を確認する

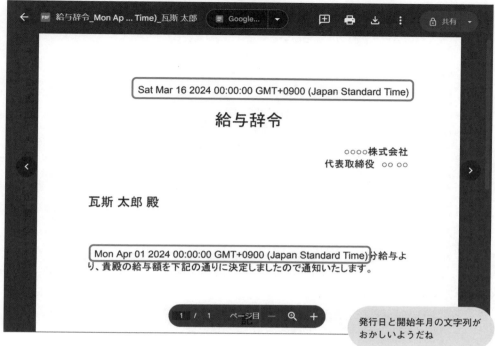

発行日と開始年月の文字列が
おかしいようだね

　発行日と開始年月の表示がおかしいですね。エラーではないのですが、日時のデータをそのままドキュメントへ入れてしまったため、英語表記での日時が記載されています。

日付を文字列に変換

　このままではさすがに文書として使えないので再修正していきます。ChatGPTに追加で依頼してみましょう。

プロンプト

> 発行日は「yyyy年M月d日」、開始年月は「yyyy年M月」という形式で文字列に
> 置き換えてください。

　項目毎にどのような形式で変換して欲しいかを指定します。年は「yyyy」で、月は「M」で指定しています。「M」が大文字なのは、「分」（minute）の「m」と区別するための表記ルールですが、「m」で指定してもChatGPTは空気を読んでコードでは修正してくれます。ちなみに、「M月」ではなく「MM月」とすれば「01月」というように桁数を指定できます（リスト3）。

▼**リスト3　再び修正された createPdf 関数**

```
028 : /**
029 :  * 1行のデータからPDFを生成する
030 :  * @param {Array} rowData - スプレッドシートの1行分のデータ
031 :  */
032 : function createPdf(rowData) {
033 :   const [issueDateObj, startDateObj, name, basicSalary,
       positionAllowance, total] = rowData;
034 :   // 日付データを指定されたフォーマットに変換
035 :   const issueDateFormat = Utilities.formatDate(issueDateObj,
       Session.getScriptTimeZone(), 'yyyy年M月d日');
036 :   const startDateFormat = Utilities.formatDate(startDateObj,
       Session.getScriptTimeZone(), 'yyyy年M月');
037 :
038 :   // DriveApp を使用してテンプレートをコピー
039 :   const templateFile = DriveApp.getFileById(TEMPLATE_ID);
040 :   const tempFile = templateFile.makeCopy('給与辞令_一時ドキュメント');
041 :   const tempDoc = DocumentApp.openById(tempFile.getId());
042 :   let body = tempDoc.getBody();
043 :
044 :   // 予約語をデータで置換
045 :   body.replaceText('{{発行日}}', issueDateFormat);
046 :   body.replaceText('{{開始年月}}', startDateFormat);
047 :   body.replaceText('{{氏名}}', name);
048 :   body.replaceText('{{基本給}}', basicSalary.toString());
049 :   body.replaceText('{{役職手当}}', positionAllowance.toString());
050 :   body.replaceText('{{合計}}', total.toString());
051 :
052 :   tempDoc.saveAndClose();
053 :
054 :   const pdf = tempFile.getAs('application/pdf');
055 :   const folder = DriveApp.getFolderById(FOLDER_ID);
056 :   folder.createFile(pdf).setName(`給与辞令
       _${startDateFormat}_${name}`);
057 :
058 :   tempFile.setTrashed(true); // 一時ドキュメントを削除
059 : }
```

ドキュメントの文字列を置換する前に、Utilities.formatDate メソッドを使って日付データを文字列にする処理が追加されていますね（リスト4）。

▼リスト4　日付データを文字列に変換する処理

```
034:    // 日付データを指定されたフォーマットに変換
035:    const issueDateFormat = Utilities.formatDate(issueDateObj,
        Session.getScriptTimeZone(), 'yyyy年M月d日');
036:    const startDateFormat = Utilities.formatDate(startDateObj,
        Session.getScriptTimeZone(), 'yyyy年M月');
```

　再度修正されたコードでcreatePdf関数を書き換えたら、createPdfs関数を実行して期待どおりのPDFファイルが生成されるか、確認しましょう。

　フォルダを確認してみると、今回生成されたファイル名は問題なさそうですね（画面15）。中身も確認してみると、日付の部分もキレイになって、無事に期待どおりのPDFファイルが生成されていました（画面16）。

▼画面15　再修正したコードでPDFファイルが作成された

ファイル名は
問題なさそうだね

▼**画面16　期待どおりにPDFが生成された**

発行日も開始年月も
無事に置換されて
スッキリしたね

　ここでは、発行日と開始年月の日付データを文字列に変換する処理を追加しました。逆に
いうと、スプレッドシート上の発行日と開始年月に日付データが入っていないとエラーにな
りますので、実行時にはデータの内容をご確認ください。

カスタムメニューを確認

　最後にもう一度スプレッドシートを開いて、カスタムメニューが作成されるか確認しましょ
う（画面17）。onOpen関数で指定したとおりに「給与辞令PDF生成」というメニューが追加
されていればOKです。これでスプレッドシートを編集した後に誰でも簡単にPDFを生成で
きそうですね。

▼**画面17　スプレッドシートにカスタムメニューが追加された**

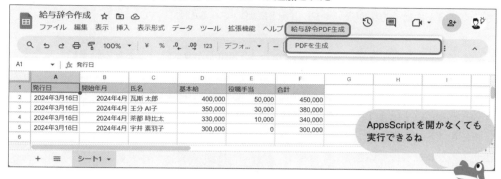

もう一つの解決方法

　さて、本節の2回目の修正では、取得した日付データを文字列に変換する方法で問題を解決しましたが、他にも解決策があるので、おまけとしてここで紹介しておきます。

　紹介するもう一つの解決法は、メインの関数であるcreatePdfs関数の21行目を修正する方法です。リスト5のようになっている21行目をリスト6のように修正します。

▼**リスト5　修正前（21行目）**

```
021:    const data = dataRange.getValues();
```

▼**リスト6　修正後（21行目）**

```
021:    const data = dataRange.getDisplayValues();
```

　修正前のgetValuesメソッドは、範囲内のセルに入っているデータの値を取得するのに対し、修正後のgetDisplayValuesメソッドは、その名のとおり、画面上に表示（display）されている文字列を取得します。スプレッドシートの書式設定で指定した、画面に表示されているままを文字列として取得できるので、日付から文字列への変換が不要になります。

　このように目的達成のためには複数の方法が存在することもありますので、悩んだときはざっくばらんに他の方法がないかChatGPTに聞いてみるのも良いでしょう。

　いかがでしたでしょうか。本節では、エラーが発生したり、思いどおりの結果にならなかったりといった、プログラミングでよくある過程を、あえてそのまま掲載してみました。

　AIがない時代では、エラーの原因を調べてもわからず、そのまま挫折してしまうこともありましたが、いまはAIに聞けば原因だけでなく修正したコードまで提案してくれます。

　本節のように、AIの力を借りつつ、ピンチを乗り越えた経験を積み重ねることで、問題解決する力を身につけていきましょう。

第 4 章

OpenAI APIを
使おう

● ● ● ● ● ● ● ● ● ● ● ● ● ● ● ● ●

　この章では、ChatGPT APIのほか、OpenAIの提供する文字起こしAIのWhisper API、画像生成AIのDALL-E APIの活用方法についてサンプルコードとともに詳しく紹介します。

4-1 OpenAIのAPIを使う準備

OpenAIのAPIとは

OpenAIは、ChatGPTのほか、音声から文字起こしができる「Whisper」や、文章から画像生成できる「DALL-E」など、さまざまなAPIを提供しています。

APIを使用すれば、AIの機能を自社サービスの一部として組み込み、利用者に提供することが可能です。実際に、OpenAIのAPIが公開されて以降、多くの企業がOpenAIのAPIを組み込んでサービスを提供しています。

本章では、ChatGPTとWhisper、そしてDALL-EのAPIを活用したGoogle Apps Scriptのサンプルを紹介します。

APIのシークレットキーを取得する

OpenAIのAPIを利用するにはOpenAIのサイトにログインして、シークレットキーを取得する必要があります。

ここでは、シークレットキーを取得する方法について、実際の画面を紹介しながら説明します。

事前に用意するもの

・OpenAIのアカウント
・SMSを受信できる電話番号

OpenAIアカウントを作成する方法は3-1節で紹介しています。

APIを使うためのシークレットキーを取得するには、さらにSMSを受信できる電話番号が必要になりますので、携帯電話を手元に準備しておきましょう。

OpenAIのWebサイトにアクセスします。

https://openai.com/

右上にある［Log in］をクリックします（画面1）。

▼**画面1　右上にある［Log in］をクリック**

ログインしたら右側の「API」をクリックします（画面2）。

▼**画面2　右側の「API」をクリック**

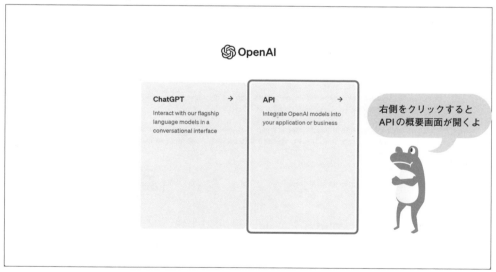

左側のメニューからカギのマークの「API Keys」をクリックします（画面3）。

▼**画面3　左側のメニューから「API Keys」をクリック**

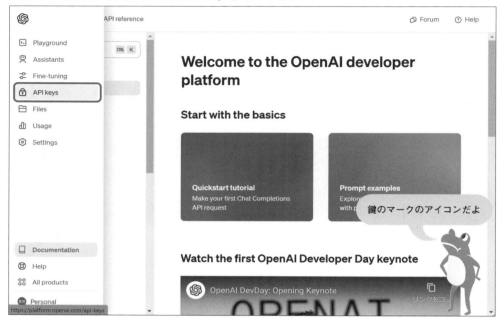

APIを利用するには電話番号を登録し、確認する必要があります。

画面中央右の［Start verification］をクリックします（画面4）。

▼**画面4　［Start verification］をクリック**

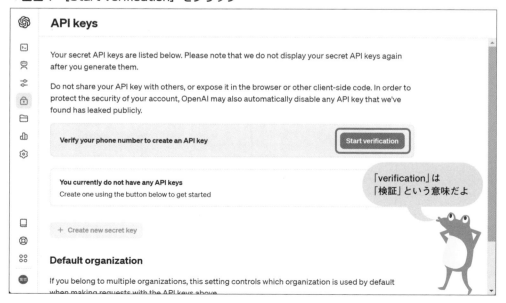

電話番号を入力する欄がでてきますので、電話番号を入力します。

SMSを受信可能な電話番号を入力して［Send code］をクリックします（画面5）。

▼**画面5 電話番号を入力して［Send code］をクリック**

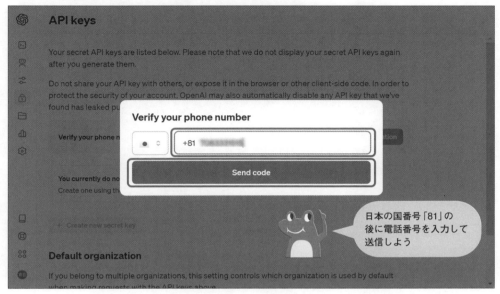

入力した電話番号あてにOpenAIから認証コード（数字6桁）が届きますので、入力します（画面6）。

▼**画面6 OpenAIから届く認証コードを入力**

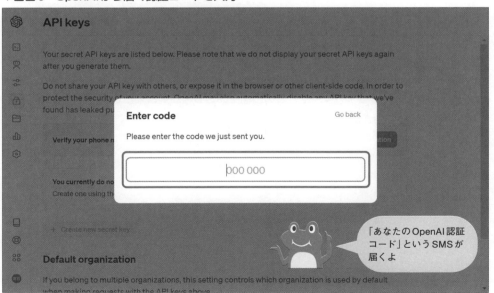

作成する新しいシークレットキーに名前をつけることができます（任意）。

適当な名前を入力してもよいですし、空欄のままでも大丈夫です。

［Create secret key］をクリックします（画面7）。

▼**画面7　名前を入力（任意）して［Create secret key］をクリック**

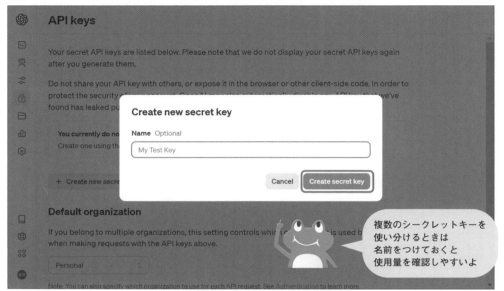

シークレットキーが生成されました。

　こちらのキーは必ずコピーして、外部の人がアクセスできないような安全な場所に保存しておいてください。

　保存できたら［Done］をクリックします（画面8）。

注意

生成されたシークレットキーは、この画面を閉じると二度と表示できなくなります。
必ずコピーして保存しておきましょう。

▼**画面8 シークレットキーを安全な場所に保存しておく**

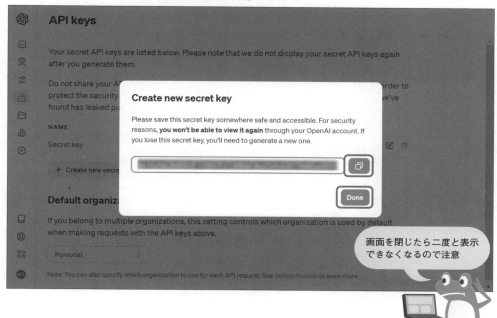

これでシークレットキーが生成され、リストに登録されました（画面9）。

▼**画面9 シークレットキーがリストに登録されている**

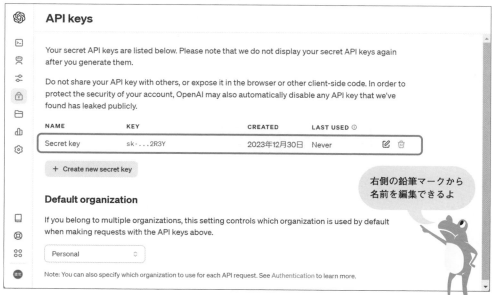

なお、シークレットキーがわからなくなってしまった場合は、過去に生成したキーを再度表示することはできませんので、新たにシークレットキーを作成することになります。

[+Create new secret key] をクリックして新しいシークレットキーを作成してください。

また、不要になったシークレットキーは削除することができます。万一、シークレットキーが外部に漏れてしまうようなことがあれば、この画面から新しいシークレットキーを作成し、古いシークレットキーを速やかに削除（ゴミ箱マークをクリック）しましょう。

● 無料トライアル用のクレジット

2024年1月時点では、OpenAIのアカウント作成により、無料トライアル用として5ドル分のクレジットがOpenAIから付与されます。まずは無料で試してみたいという方は、こちらの無料クレジットの範囲で利用してみましょう。

OpenAI の API管理画面（ https://platform.openai.com/ ）を開き、左側にあるメニューから「Settings」をクリックして表示される「Billing」をクリック（画面10）すると残りのクレジットを確認できます（画面11）。

▼**画面10** OpenAIのAPI管理画面 ＞「Settings」＞「Billing」

「Settings」をクリックすると
「Billing」が表示されるよ

▼**画面11** 「Billing settings」画面からクレジットの残額を確認できる

なお、2024年1月時点では、クレジットカードの登録なしでAPIのトライアル利用が可能ですが、今後、無料クレジット枠、有効期限、条件等は変更になる可能性があります。最新の情報をご確認ください。

支払方法（クレジットカード情報）の追加

無料クレジットがなくなった後も、有料で継続利用する場合は、クレジットカードと住所等の情報を登録します。

「Billing settings」（画面11）の残金額表示の下にある［Add payment details］ボタンをクリックすると、個人か法人かを選択する画面が表示されますので該当する方をクリックしてください（画面12）。

▼**画面12** 個人か法人かを選択

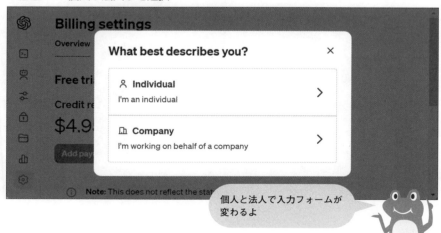

　個人と法人でそれぞれ専用のフォームが表示されますので、入力していくと情報を登録できます（画面13、14）。

▼**画面13　個人用の入力フォーム**

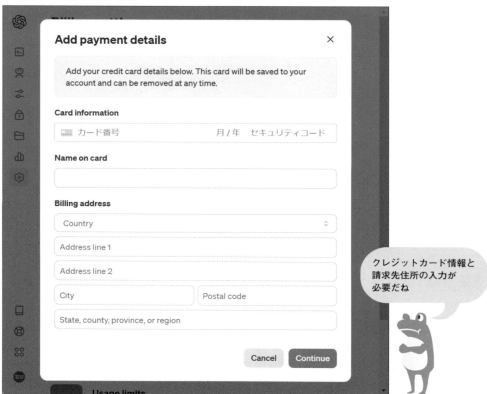

▼**画面14　法人の入力フォーム**

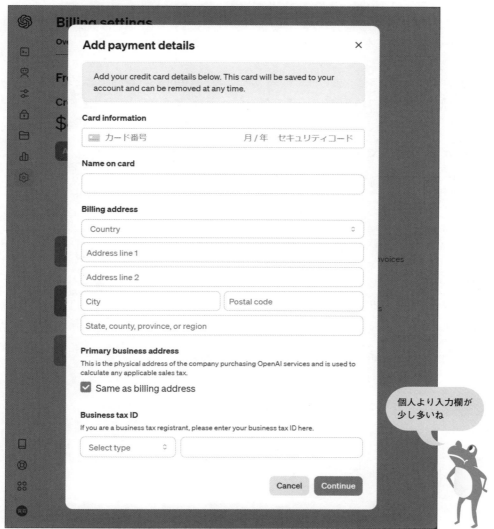

個人より入力欄が
少し多いね

API使用量の確認

OpenAI のAPI管理画面（ https://platform.openai.com/ ）の左側にあるメニューから「Usage」をクリックすると、APIの使用量を確認することができます。

月毎の合計だけでなく、APIの種類別や日別のコスト、使用量を確認することができます。なお、月毎の請求書もコストの画面右下にある「Invoices」からダウンロード可能です（画面15）。

▼**画面15　「Usage」でAPI使用量を確認できる**

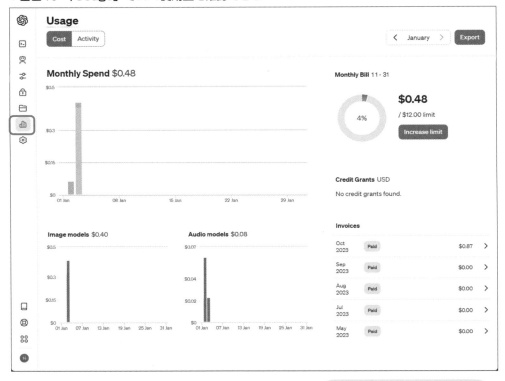

左上の「Cost」「Activity」で使用料金と使用回数の画面を切り替えできるよ

APIの月間利用上限額の設定

　OpenAI の API管理画面（ https://platform.openai.com/ ）を開き、左側にあるメニューから「Settings」をクリックして表示される「Limits」をクリックします。

　ページ中ほどにある「Usage limits」の中の「Set a monthly budget」欄で毎月の利用上限額を設定できます（画面16）。

▼**画面16**　「Settings」>「Limits」>「Usage limits」>「Set a monthly budget」

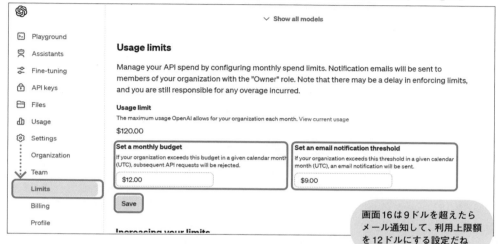

画面16は9ドルを超えたらメール通知して、利用上限額を12ドルにする設定だね

　月内で「Set a monthly budget」欄に設定した予算額を超過した場合、それ以降はAPIが利用できなくなります。

　また、右側の「Set an email notification threshold」欄に金額を設定しておくと、月内で設定金額を超えたときにお知らせメールが送信されます。

　このような項目を設定しておき、想定外の請求発生を未然に防止しましょう。

4-2 Google Apps Scriptで ChatGPT APIを利用する

 ChatGPT APIの利用料と注意点

それでは、ここからChatGPTのAPIを使用したサンプルコードを紹介します。

先に利用料について話をすると、ChatGPTのAPI利用は、トークンという単位で課金されます。トークンのカウントは、英語の場合は基本的に1単語で1トークンですが、日本語の場合、1文字で1〜3トークンになるようです。また、使用するモデル毎に異なる料金が設定されています。基本的に性能のよいモデルの方が高くなっています（表1）。

▼表1　主なモデルの1000トークンあたりの料金（2024年2月時点）

Model	Input（入力）	Output（出力）
gpt-4	$0.03	$0.06
gpt-3.5-turbo-0125	$0.0005	$0.0015

GPT-3.5についてはかなり低めの料金になっているので、そこそこの回数利用してもあまり大きな金額にはならなさそうです。GPT-4は少し高めの料金設定なので、通常はGPT-3.5にしておいて、GPT-4は高い品質が必要となるケースに絞るという使い方が良さそうです。

なお、料金は改定されることがありますので、最新の料金はWebサイトでご確認ください。

https://openai.com/pricing

また、APIからのChatGPT利用であれば、入力した情報がAI学習に利用されないとされていますが、最新の情報を確認しながら個人情報や機密情報の管理には十分ご注意ください。

さっそく使ってみよう

さて、ここではまずGoogle Apps ScriptからChatGPT APIを利用する方法を体験します（図1）。ブラウザ版と異なり、いくつか設定を調整できる項目もありますので、ChatGPT APIの基本を押さえつつ、狙いどおりの回答をしてもらうために試行錯誤してみましょう。

図1　Google Apps ScriptからChatGPTを利用するイメージ

Google Apps Scriptを作成する

今回はスタンドアロン型でGoogle Apps Scriptを使います。Googleドライブの［新規］ボタンからGoogle Apps Scriptを作成しましょう（画面1）。

▼**画面1** GoogleドライブでGoogle Apps Scriptを作成する

サンプルコード

Google Apps Scriptが作成できたらスクリプトエディタにリスト1のコードを貼り付けてください。

▼**リスト1** Google Apps ScriptからChatGPT APIを利用するコード

```
001: // 事前準備
002: // 設定 > スクリプトプロパティ で、下のプロパティを登録しておく
003: //  プロパティ:"OPENAI_API_KEY"、値: OpenAIのAPIキー
004:
005: // 初期設定
006: const SYSTEM_MESSAGE = "あなたは江戸っ子口調の粋なAIです。";
007: const MODEL = "gpt-3.5-turbo"; // モデル ex) gpt-4
008: const MAX_TOKENS = 300; // トークン上限
009: const TEMPERATURE = 0.4; // 回答のランダム性
010:
011: // ChatGPTにリクエストして回答を返す関数
012: function sendChatGPTRequest(message) {
013:    // スクリプトプロパティからAPIキーを取得
014:    const scriptProperties = PropertiesService.getScriptProperties();
015:    const apiKey = scriptProperties.getProperty('OPENAI_API_KEY');
```

```
016:    const url = 'https://api.openai.com/v1/chat/completions'; // エン
        ドポイント
017:    // APIへ送信するメッセージを設定
018:    const messages = [
019:      { "role": "system", "content": SYSTEM_MESSAGE },
020:      { "role": "user", "content": message }
021:    ];
022:    // OpenAIのAPIリクエストに必要なヘッダー情報を設定
023:    const headers = {
024:      'Authorization': 'Bearer ' + apiKey,
025:      'Content-type': 'application/json',
026:    };
027:    // ChatGPTモデル、トークン上限、プロンプトを設定
028:    const options = {
029:      'muteHttpExceptions': true,
030:      'headers': headers,
031:      'method': 'POST',
032:      'payload': JSON.stringify({
033:        'model': MODEL, // モデル
034:        'max_tokens': MAX_TOKENS, // トークン上限
035:        'temperature': TEMPERATURE, // 回答のランダム性
036:        'messages': messages
037:      })
038:    };
039:    // リクエストを送信
040:    const response = UrlFetchApp.fetch(url, options);
041:    const json = response.getContentText();
042:    const data = JSON.parse(json);
043:    // 回答メッセージを返す
044:    return data.choices[0].message.content;
045: }
046:
047: // テスト用の関数
048: function testSendChatGPTRequest() {
049:    const message = "自己紹介してください。";
050:    const response = sendChatGPTRequest(message);
051:    console.log(response);
052: }
```

● APIキーを保存して実行

スクリプトエディタにコードを保存したら、「プロジェクトの設定」にある「スクリプトプロパティ」を編集します。プロパティに「OPENAI_API_KEY」、値には4-1節で生成したAPIキーを入力して保存してください（画面2）。

▼**画面2　スクリプトプロパティにAPIキーを保存**

スクリプトプロパティに
APIキーを保存しておくよ

● コードの解説

それでは実行する前にコードの解説をしていきます。

●初期設定（5〜9行目）

5〜9行目にはChatGPT APIを利用する際に設定できる項目を並べました。SYSTEM_MESSAGEにはAIの振る舞いを指定します。口調を変えたり、歴史上の人物になりきって回答させたりできます。

MODELではAPIのモデルを設定します。

MAX_TOKENSでは使用するトークンの上限を指定します。少なすぎると文章が途中で切れることもあります。

TEMPERATUREは回答のランダム性を0から2の間で設定します。高い値にすると多様な回答が出力されるようになります。

●sendChatGPTRequest関数

ChatGPTにリクエストするメッセージ（プロンプト）を引数messageで受け取って、ChatGPT APIにリクエストを行い、回答を返す関数です。

14〜15行目では、さきほど設定したスクリプトプロパティからAPIキーを取得して変数apiKeyに格納しています。

16行目では、「エンドポイント」といってChatGPT APIにリクエストを送る宛先のURLを指定しています。17〜21行目ではAPIに送信するメッセージを設定します。「role」と「content」というのがありますが、「role」は誰によるメッセージかを「system」、「user」、「assistant」の3種類から指定し、「content」にはメッセージを入れます。

「role」における「system」は初期設定でも説明したとおり、AIの振る舞い方を指定するのに使用します。「user」はChatGPTを利用するユーザーを指し、「assistant」はChatGPTのAIを指します。ここでのサンプルコードでは一問一答形式なので「assistant」は登場しないですが、API利用時、これまでのやりとりや文脈も含めて回答させたい場合は、messagesにユーザーとAIのメッセージを含めてリクエストを送信できるようになっています。

22〜38行目ではAPIにデータを送るための設定をしています。初期設定で指定した内容もここで指定しています。

39〜44行目でAPIにリクエストを送り、返ってきたレスポンスから回答となるメッセージを取り出して呼出し元の関数に返します。

●テスト用testSendChatGPTRequest関数

sendChatGPTRequest関数を実行するためのテスト用関数です。ChatGPTに送りたいメッセージを引数にしてsendChatGPTRequest関数を呼出し、返ってきた回答メッセージをログに出力します。今回は「自己紹介してください。」というプロンプトを引数（message）にしてsendChatGPTRequest関数を呼び出します。

●実行する

それではいよいよスクリプトを実行してみましょう。実行する関数を選択する欄で、テスト用のtestSendChatGPTRequest関数を選択して「実行」または「デバッグ」ボタンをクリックすると実行が始まります。

初回の実行時に許可を確認する画面が表示されます。［許可を確認］ボタンをクリックします。「アカウントの選択」画面ではGoogleアカウントを選択。「このアプリは確認されていません」の画面では、左下の「詳細」をクリックし、下に表示される「＜プロジェクト名＞（安全ではないページ）に移動」をクリック。「＜プロジェクト名＞がGoogleアカウントへのアクセスをリクエストしています」の画面では右下の［許可］ボタンをクリックします。

実行した結果が画面3です。

▼**画面3　スクリプト実行結果**

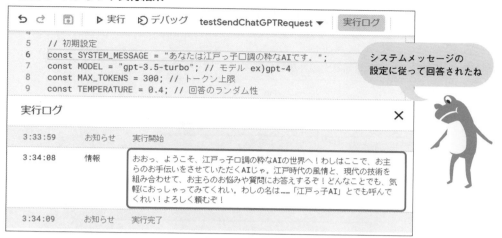

システムメッセージの
設定に従って回答されたね

　ノリノリな回答が返ってきましたね。同じ設定でもタイミングによって回答が変わりますので、ぜひ何回か実行してみてください。

設定を変えて実行してみよう

　せっかくなので設定を変えてどんな回答になるかいろいろと試してみましょう。SYSTEM_MESSAGEを「あなたは坂本龍馬です。」に変更して、自己紹介をしてもらいました（画面4）。

▼**画面4　坂本龍馬という設定で自己紹介させた結果**

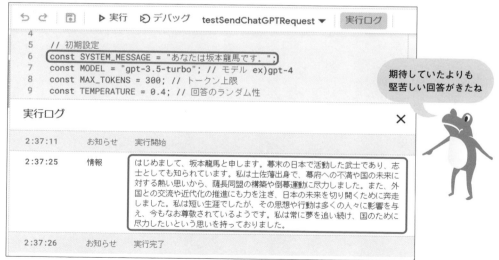

期待していたよりも
堅苦しい回答がきたね

なんだかちょっと真面目すぎて面白くないですね。「あなたは坂本龍馬で土佐弁を話します。」に変更してもう一度自己紹介させてみましょう。ついでにモデルもGPT-4に変更します（画面5）。

▼**画面5** 「あなたは坂本龍馬で土佐弁を話します。」に変更した結果

クオリティ的には何ともいえない仕上がりですが、AIなりに努力している様子は感じられますね。もし、今後ChatGPT APIを利用して社内外でAIアシスタントを提供するようなときは、何か特徴を持たせた設定にしておくと愛着が持ててファンが増えるかも知れないですね。ぜひいろいろと試してみてお気に入りの設定をみつけてください。

4-3 ChatGPT APIでガクチカ生成サービスをつくろう

● 実現したいこと

さて、「ガクチカ」という言葉をご存じでしょうか。

就職活動中の学生が企業に応募するときに記述する「学生時代に力を入れたこと」、略して「ガクチカ」です。

多くの学生が、ガクチカをどう書いたらよいかわからない、ガクチカに書くことがない、と頭を悩ませています。

そんな「ガクチカ」を、少ない情報からでも、AIが立派な文章に仕立ててくれるサービスをつくります。

今回はGoogle Apps ScriptとChatGPT APIのほか、Googleフォーム、Googleスプレッドシート、Gmailを連携して作成していきます。

まず、サービス全体の流れは次のとおりです。

利用イメージ

① ユーザーは、Googleフォームから、メールアドレス、簡単なガクチカ2つ、必要な文字数を入力して送信する
② フォームが送信されたらGoogle Apps Scriptを実行し、ChatGPT APIにガクチカの文章作成を要求する
③ ChatGPTから回答された文章をメールアドレスに送信する

なお、一連の流れは、もちろんすべて自動ですし、フォーム送信後すぐにガクチカがメールで届きます（図1）。

図1 実現したいことのイメージ

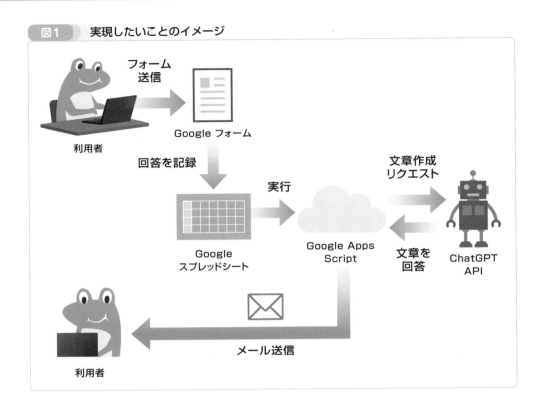

事前準備

まずは、Googleドライブの［新規］ボタンからGoogleフォームを作成しましょう（画面1）。

▼画面1 Googleドライブの［新規］からGoogleフォームを作成

まずはGoogleフォームを
作成するよ

Googleフォームが作成できたら、フォームの入力項目を追加していきます。

次の項目を追加してください（表1、画面2）。

▼表1　Googleフォームに追加する入力項目

学生時代に力を入れたこと（その1）	記述式テキスト（短文回答）※必須
学生時代に力を入れたこと（その2）	記述式テキスト（短文回答）
必要な文字数	記述式テキスト（短文回答）※100〜500の数値に制限　※必須

▼画面2　Googleフォームに項目を追加した

> まずは3つの項目を作成しよう

なお、「必要な文字数」欄は右下の3点リーダから「回答の検証」をクリックして、100〜500の数値を入力してもらえるように設定しておきましょう（画面3）。

▼**画面3　右下の3点リーダから「回答の検証」をクリックして設定**

数値は状況に応じて
カスタマイズしてね

次に右上の［送信］ボタンをクリックして、メールアドレス収集の設定画面を開きます（画面4）。

▼**画面4　右上の［送信］ボタンをクリック**

［送信］ボタンが紙ヒコーキマークに
なっている時もあるよ

「メールアドレスを収集する」欄で「回答者からの入力」を選択して、右上の「×」をクリックしてください（画面5）。

▼**画面5 「メールアドレスを収集する」欄で「回答者からの入力」を選択**

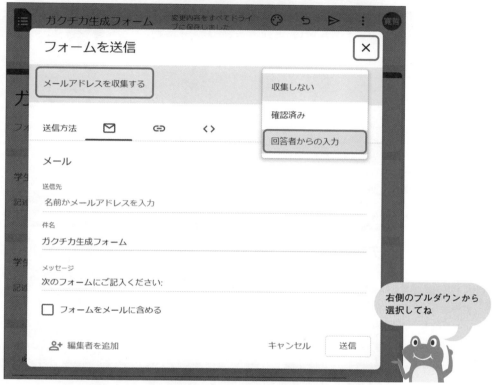

フォームの編集画面に戻ると一番上にメールアドレスの入力欄が追加されました（画面6）。

▼**画面6 一番上にメールアドレスの入力欄が追加された**

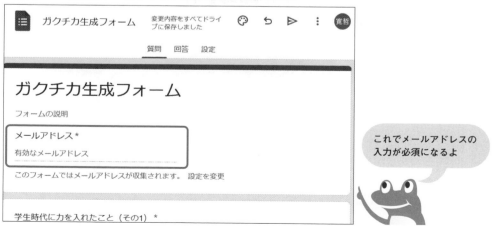

ここで一度、作成したフォームを確認してみましょう。

目玉のマークの「プレビュー」ボタンをクリックすると、作成したフォームを確認することができます（画面7）。

▼**画面7　目玉のマークからプレビューが見られる**

このプレビューのURLが回答者にアクセスしてもらうURLです（画面8）。

▼**画面8　フォームのプレビュー**

では、再びフォームの編集画面に戻って、「回答」タブをクリックし、右側にある「スプレッドシートにリンク」をクリックします（画面9）。

▼**画面9　「回答」タブで「スプレッドシートにリンク」をクリック**

「回答の送信先を選択」という画面で、「新しいスプレッドシートを作成」が選択されている状態にして、右下の「作成」をクリックします（画面10）。

▼**画面10 「新しいスプレッドシートを作成」を選択して作成**

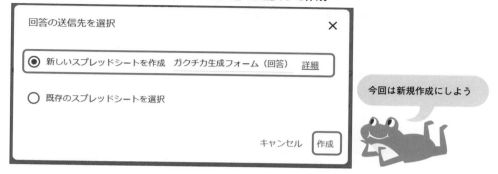

今回は新規作成にしよう

スプレッドシートが作成されました（画面11）。

▼**画面11 フォームに連携するスプレッドシートが作成された**

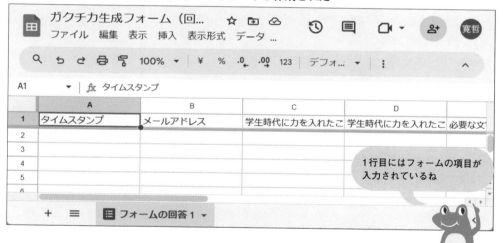

1行目にはフォームの項目が入力されているね

　ここでさきほどのGoogleフォームのプレビューURLをブラウザで開いて、1件回答を送信してみましょう（画面12）。

▼**画面12　フォーム入力例**

　スプレッドシートに戻ると回答が確認できました（画面13）。

▼**画面13　スプレッドシートに回答が登録された**

このまま、「拡張機能」メニューから「Apps Script」をクリックして、コンテナバインド型でGoogle Apps Scriptを作成します（画面14）。

▼**画面14　「拡張機能」メニューから「Apps Script」をクリック**

スプレッドシートから
Google Apps Scriptを
つくるよ

サンプルコード

スクリプトエディタを開いたら、次のリスト1のコードを貼り付けます。

▼**リスト1　ガクチカ自動生成**

```
001: // 事前準備
002: // 設定 > スクリプトプロパティ で、下のプロパティを登録しておく
003: // プロパティ:"OPENAI_API_KEY"、値：OpenAIのAPIキー
004:
005: // テスト実行用の配列［タイムスタンプ,メールアドレス,ガクチカ1,ガクチカ2,
     文字数]
006: const TEST_VALUES = ["2024/1/1", "xxxxxxxxx@gmail.com", "サークルの副
     キャプテンだった", "バイトを頑張った", 200];
007: // メインの関数
008: function myFunction(e) {
009:   // 変数を宣言
010:   let timeStamp, email, gakuchika1, gakuchika2, length;
011:   // 送信された内容を取得して代入する
012:   if(e) [timeStamp, email, gakuchika1, gakuchika2, length] = e.
     values;
013:   // テスト時はテスト用の値を代入
014:   else [timeStamp, email, gakuchika1, gakuchika2, length] = TEST_
     VALUES;
015:   // プロンプトをつくる
016:   const prompt = `以下の情報を元に、企業の採用担当者が採用したいと思えるよ
     うに、学生時代に力を入れたことについて ${length}文字で文章を作成してくださ
```

```
         い。情報：${gakuchika1}、${gakuchika2}`;
017:     // プロンプトを送ってガクチカを取得する
018:     const content = postChatGpt(prompt);
019:     // メール件名と本文を指定
020:     const subject = "ガクチカお届けメール";
021:     const body = `ご利用いただきありがとうございます。
022: ${length}文字のガクチカです。
023: -----
024: ${content}
025: -----`;
026:     // メールを送信
027:     GmailApp.sendEmail(email, subject, body);
028: }
029: // ChatGPTにプロンプトを送って結果を取得する関数
030: function postChatGpt(prompt) {
031:     // スクリプトプロパティに設定したOpenAIのAPIキーを取得
032:     const key = PropertiesService.getScriptProperties().
         getProperty("OPENAI_API_KEY");
033:     //ChatGPT APIのエンドポイント
034:     const apiUrl = 'https://api.openai.com/v1/chat/completions';
035:     // ChatGPTに投げるメッセージ（プロンプト）を定義
036:     const messages = [
037:       { 'role': 'user', 'content': prompt },
038:     ];
039:     // OpenAIのAPIリクエストに必要なヘッダー情報を設定
040:     const headers = {
041:       'Authorization': 'Bearer ' + key,
042:       'Content-type': 'application/json',
043:     };
044:     // ChatGPTモデル、トークン上限、プロンプトを設定
045:     const options = {
046:       'muteHttpExceptions': true,
047:       'headers': headers,
048:       'method': 'POST',
049:       'payload': JSON.stringify({
050:         'model': 'gpt-3.5-turbo', // モデル
051:         'max_tokens': 1024, // トークン上限
052:         'temperature': 0.9, // 回答のランダム性
053:         'messages': messages
054:       })
055:     };
```

```
056:      // OpenAIのChatGPTにAPIリクエストを送り、結果を変数に格納
057:      const response = JSON.parse(UrlFetchApp.fetch(apiUrl, options).
      getContentText());
058:      // ChatGPTのAPIレスポンスをログ出力
059:      return response.choices[0].message.content;
060:  }
```

初期設定

コードを保存したら、「プロジェクトの設定」にある「スクリプトプロパティ」を編集します。プロパティに「OPENAI_API_KEY」、値には4-1節で生成したAPIキーを入力して保存してください（画面15）。

▼**画面15　スクリプトプロパティにAPIキーを保存**

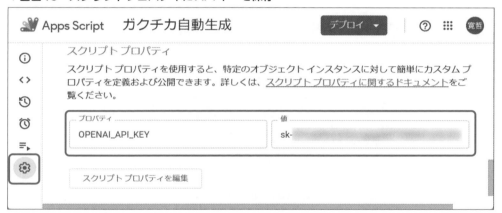

テスト用の配列を修正（6行目）

今回のコードは、フォームを送信しなくても、簡易的にテストを実行できるようになっています。その時に利用するために適当な値を入れておきます。

なお、テストでもメールが送信されますので、メールアドレスはご自分で確認できるメールアドレスにしておいてください。

テスト実行する

初期設定が終わったらフロッピーマークの保存ボタンを押して保存しましょう。

「実行する関数を選択」プルダウンから「myFunction」を選択して実行またはデバッグをクリックします。

初回の実行時に許可を確認する画面が表示されます。［許可を確認］ボタンをクリックします。

「アカウントの選択」画面ではGoogleアカウントを選択。

「このアプリは確認されていません」の画面では、左下の「詳細」をクリックし、下に表示される「＜プロジェクト名＞（安全ではないページ）に移動」をクリックします。

「＜プロジェクト名＞がGoogle アカウントへのアクセスをリクエストしています」の画面では右下の[許可]ボタンをクリックします。

これでスクリプトが実行されます。

届いたメールがこちらです（画面16）。

▼**画面16 実行結果（Gmail）**

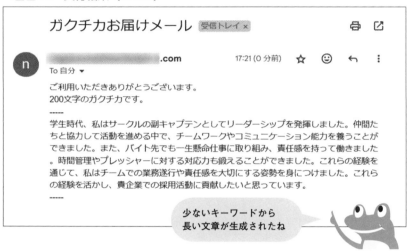

このようなメールが届けばテスト成功です。

トリガーの設定

テストが成功したら、フォームが送信されたときに自動実行されるようトリガーを設定しましょう。

左側の「トリガー」メニューからトリガーの設定画面を開き、右下の［トリガーを追加］ボタンをクリックしてください（画面17）。

▼**画面17　トリガーの画面で右下の［トリガーを追加］ボタンをクリック**

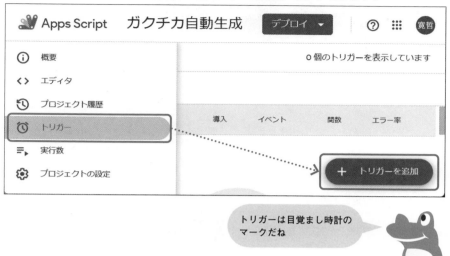

トリガーの設定画面が開きますので、フォーム送信時に実行するよう設定します（画面18、表2）。

▼**画面18　トリガーの設定画面**

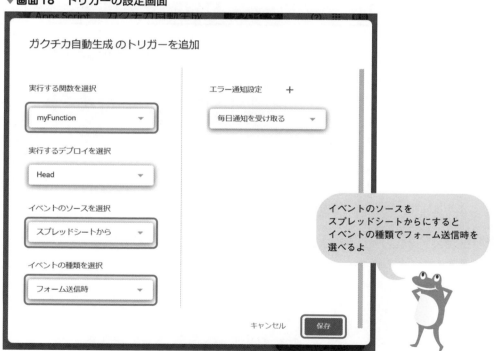

▼**表2　フォーム送信時に実行するためのトリガー設定**

実行する関数を選択	myFunction
実行するデプロイを選択	Head
イベントのソースを選択	スプレッドシートから
イベントの種類を選択	フォーム送信時

　設定したら［保存］ボタンをクリックします。追加で承認が必要な画面が出てきたら初回実行時と同様に許可してください。

　これでトリガーが設定できました（画面19）。

▼**画面19　トリガーが設定された**

コードの解説

　ここからはコードのポイントを解説していきます。

複数の変数を宣言（10行目）

　10行目では、この後で使う変数を宣言しています。このように、複数の変数をカンマ（,）で区切って一度に宣言することができます。

　ここでは変数の宣言だけで、値の代入はしていません。

● フォームの値を取得 (8、12行目)

今回は関数myFunctionで引数 (e) を受け取ります。フォームの送信によるトリガーで関数を実行すると、送信されたフォームの内容を引数で受け取ることができます。

フォームの値を引数eで受け取って、16行目で受け取った値をそれぞれの変数に代入しています。

e.valuesには、フォームの項目の値が順番に配列として格納されています。最初の要素 (0番目) はタイムスタンプ (送信された日時) が格納されていて、次の要素 (1番目) 以降は作成したフォームの項目が格納されています。

今回のサンプルでは、タイムスタンプ、メールアドレス、ガクチカ1、ガクチカ2、文字数の5つの要素が格納されていますので、それぞれ変数のtimeStamp, email, gakuchika1, gakuchika2, lengthに代入します。

ここでは「分割代入」という手法を使っています。通常だとリスト2のように5行必要な処理が1行で済むのでスッキリします (リスト3)。

▼リスト2　通常は1つずつ代入

```
timeStamp = e.values[0];
email = e.values[1];
gakuchika1 = e.values[2];
gakuchika2 = e.values[3];
length = e.values[4];
```

▼リスト3　分割代入なら1行でスッキリ

```
[timeStamp, email, gakuchika1, gakuchika2, length] = e.values;
```

なお、フォームからの送信トリガーで実行されたときには引数eが取得できますが、Google Apps Scriptプロジェクトの画面上から実行やデバッグを行ったとき、引数eは空っぽになります。そうすると、その後の処理に支障が出るため、14行目で引数eが取得できない場合にテスト用の値を代入するようにしています。

これによってスクリプトエディタ上からテスト実行ができるようになっています。

● **プロンプトをつくる（16行目）**

変数promptを宣言してプロンプトを作成しています。

文字列の中に変数の値を埋め込みたい時は、文字列全体をバッククォート（`）で囲んで、${変数名}という形式で変数を埋め込みます。2-12節で説明した**テンプレートリテラル**と呼ばれる機能です。

ちなみにバッククォート（`）はバックティックやグレイヴ・アクセント、アクサングラーブとも呼ばれます。呼び方がたくさんありますが同じ文字です。

テンプレートリテラルは、21〜25行目のメール本文でも使用しています。

● **メールを送信する（33行目）**

GmailApp.sendEmail()は、引数にメールアドレス、件名、本文の3つの変数を指定してメールを送信します（リスト4）。

▼**リスト4　メールを送信するコード**

```
026:    // メールを送信
027:    GmailApp.sendEmail( email, subject, body );
```

● **postChatGpt関数（30〜60行目）**

プロンプトを引数promptで受け取って、ChatGPT APIにリクエストを送信し、その回答を受け取る関数です。

45〜55行目の部分で、APIにリクエストするときのオプションを設定しています。モデルやトークン上限を指定しています。

なお、「temperature」という項目は、回答のランダム性の設定です。高い値にすると多様な回答が出力されるようになり、0.2 など低い値にすると、よりブレない回答になります。公式ドキュメントでは0から2の間で設定できるとなっています。

● **カスタマイズすれば可能性は無限！**

今回はガクチカに合わせてフォームとプロンプトを設定していますが、フォーム項目やプロンプトを少しカスタマイズするだけでさまざまなサービスに転用できそうですね。

Google Apps Scriptがあれば最小のコストでシステムを構築できるので、アイデアをスピーディーにかたちにして、サービス価値向上に集中できるようになります。ぜひGoogle Apps ScriptとAIを活用して高付加価値のサービスをつくってください。

4-4 Whisper APIで文字起こしをしよう

Whisper APIとは

WhisperはOpenAIが提供する、音声をテキストに変換するためのAIです。

Whisper APIに文字起こししたい音声ファイルを送ると、指定した形式でテキストファイルを生成して返します。

音声ファイルは、mp3、mp4、mpeg、mpga、m4a、wavおよびwebmがサポートされています。動画ファイルも大丈夫ですが、2024年1月現在、アップロード可能なファイルサイズは25MBまでに制限されています。25MBよりも大きい場合は、音声ファイルを圧縮するなどして25MB未満に抑える必要があります。

Whisper APIでは出力するテキストファイルの形式を選べます。

指定できるファイル形式は、json、text、srt、verbose_json, および vtt です。

このうち、srt と vtt は、動画編集ソフトで字幕データとしても使用できる形式です。テキスト変換だけでなく、動画制作にも利用できるので、Whisper API活用の幅が広がりますね。

利用料についてですが、Whisper APIはアップロードする音声データの時間単位で料金が発生します。

2024年1月現在、Whisper APIの利用料は1分ごとに0.006ドルとなっています。1時間の音声だと0.36ドル、1ドル140円で換算すると50円くらいですね。

実現したいこと

さて、今回はGoogle Apps ScriptでWhisper APIを使用して文字起こしするツールをつくっていくわけですが、Googleドライブを使って、特定のフォルダにアップロードしておいたら、数分後に文字起こししたテキストファイルを自動作成してくれる、というツールをつくります（図1）。

> ### 全体の流れ
>
> ① Googleドライブに「処理前」と「処理済み」の2つのフォルダを作成しておきます。
> ② ユーザーは、音声ファイルを「処理前」フォルダにアップロードします。
> ③ 定期的にGoogle Apps Scriptが実行され、Whisper APIで文字起こししたテキストファイルと元の音声ファイルが「処理済み」フォルダに格納されます。

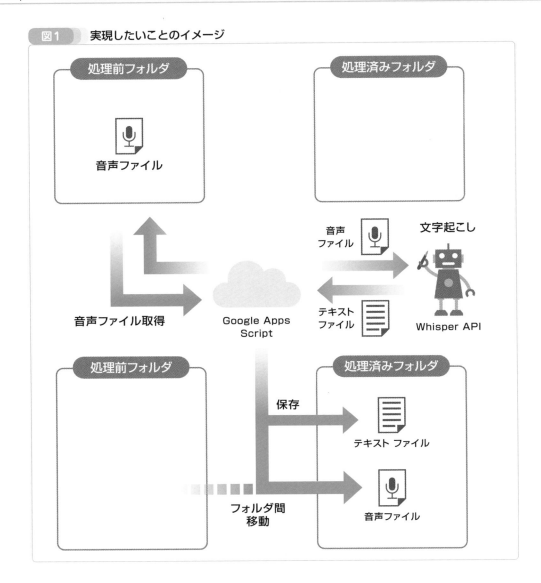

図1　実現したいことのイメージ

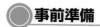

事前準備

まずはGoogleフォルダを2つ作成します。

Googleドライブを開き、左上の［新規］ボタンから、新しいフォルダを2つ作成します（画面1）。

▼**画面1　Googleドライブでフォルダを作成**

最初にフォルダを作成するよ

フォルダ名は「処理前」と「処理済み」にしておきます（画面2）。

▼**画面2　「処理前」と「処理済み」フォルダを作成した**

今回は2つのフォルダを利用するよ

作成したフォルダのIDを取得します。

ブラウザでそれぞれのフォルダを開き、URLからIDを控えておきます。

URLの「…folders/」よりも右の部分、1から始まる英数字がフォルダIDです（画面3）。

https://drive.google.com/drive/folders/1xxxxxxxxxxxxxx

▼**画面3** URLの最後にフォルダIDが含まれている

2つのフォルダのIDを控えたらGoogleドライブの［新規］ボタンからスタンドアロン型で
Google Apps Scriptを作成しましょう（画面4）。

▼**画面4** GoogleドライブからGoogle Apps Scriptを作成する

警告文がでますが、問題なければ「スクリプトを作成」をクリックしてください（画面5）。

▼**画面5　Google Apps Script作成時の確認**

> ⚠
>
> ドライブ フォルダのすべての共同編集者がこのファイルにアクセスできるようになります
>
> **<Whisper>** で Apps Script ファイルを作成しています。このフォルダの編集権限を持つユーザーであれば誰でも、この Apps Script ファイルを編集、実行できます。[詳細]
>
> [スクリプトを作成]　　キャンセル

確認したら［スクリプトを作成］をクリックしてね

◯ サンプルコード

Google Apps Scriptが作成されたらスクリプトエディタにリスト1のコードをコピーして貼り付けてください。

▼**リスト1　サンプルコード**

```
001: // 事前準備
002: // 設定 ＞ スクリプトプロパティ で、下の3つのプロパティを登録しておく
003: // プロパティ:"OPENAI_API_KEY"、値: OpenAIのAPIキー
004: // プロパティ:"SRC_FOLDER_ID"、値: 処理前フォルダID
005: // プロパティ:"DEST_FOLDER_ID"、値: 処理済みフォルダID
006:
007: // 出力するファイル形式
008: const FORMAT = "text"; // json, text, srt, verbose_json, or vtt.
009: // プロンプトを指定するとスタイルを誘導できる
010: const PROMPT = "";
011: // 文字起こし対象の拡張子
012: const EXTENSIONS = ['mp3', 'mpeg', 'mp4', 'm4a', 'mpga', 'wav',
     'webm'];
013:
014: // メイン関数
015: function myFunction() {
016:   // スクリプトプロパティを取得
017:   const properties = PropertiesService.getScriptProperties();
```

```
018 :    const srcFolderId = properties.getProperty("SRC_FOLDER_ID");
019 :    const destFolderId = properties.getProperty("DEST_FOLDER_ID");
020 :    const key = properties.getProperty("OPENAI_API_KEY");
021 :    // IDから各フォルダを取得
022 :    const srcFolder = DriveApp.getFolderById(srcFolderId);
023 :    const destFolder = DriveApp.getFolderById(destFolderId);
024 :    // 処理前フォルダ内のファイルを取得
025 :    const files = srcFolder.getFiles();
026 :    // ファイル毎に繰り返し
027 :    while (files.hasNext()) {
028 :      const file = files.next();
029 :      const fileName = file.getName();
030 :      // ファイル名の拡張子を取得し、対象の拡張子でない場合は次へ
031 :      const fileExtension = fileName.split('.').pop().toLowerCase();
032 :      if (EXTENSIONS.indexOf(fileExtension) === -1) continue;
033 :      //
034 :      const blob = transcribeFile(file, key);
035 :      // 新しいファイル名を作成（元の名前から拡張子を付け替える）
036 :      let newFileName = file.getName().split('.').slice(0, -1).
     join('.');
037 :      if (FORMAT === "srt" || FORMAT === "vtt") name += "." + FORMAT;
038 :      else newFileName += "." + blob.getName().split('.').slice(-1)
     [0];
039 :      // 文字起こしデータにファイル名をセット
040 :      blob.setName(newFileName);
041 :      destFolder.createFile(blob); // 文字起こしファイルを保存
042 :      console.log(newFileName + 'を保存しました'); // ログ出力
043 :      // 音声ファイルも処理済みフォルダに移動
044 :      file.moveTo(destFolder);
045 :    }
046 : }
047 : // 音声ファイルを送信して文字起こしデータを取得する関数
048 : function transcribeFile(file, key) {
049 :    const url = "https://api.openai.com/v1/audio/transcriptions";
050 :    const blob = file.getBlob();
051 :    const headers = {
052 :      'Authorization': 'Bearer ' + key,
053 :    };
054 :    const options = {
055 :      'muteHttpExceptions': true,
056 :      'headers': headers,
```

```
057 :     'method': 'POST',
058 :     'payload': {
059 :       "model": 'whisper-1',
060 :       "temperature": 0, // ランダム具合
061 :       "language": "ja", // 日本語を指定
062 :       "response_format": FORMAT, // 出力ファイル形式
063 :       "prompt": PROMPT, // プロンプト
064 :       "file": blob,
065 :     }
066 :   };
067 :   // APIリクエストを送って生成されたテキストファイルを返す
068 :   try {
069 :     const response = UrlFetchApp.fetch(url, options);
070 :     return response.getBlob();
071 :   } catch (e) {
072 :     console.error(e.message);
073 :     return false;
074 :   }
075 : }
```

初期設定

コードを保存したら、「プロジェクトの設定」にある「スクリプトプロパティ」を追加していきます。

最初に、作成した2つのフォルダIDを登録します。プロパティに「SRC_FOLDER_ID」、値に「処理前」フォルダのID、そして、もう一つはプロパティに「DEST_FOLDER_ID」、値に「処理済み」フォルダのIDを入力してください。

さらに、もう一つ。プロパティに「OPENAI_API_KEY」、値には4-1節で生成したAPIキーを入力して保存してください（画面6）。

▼**画面6　スクリプトプロパティに3つのプロパティを保存**

スクリプトプロパティを保存できたらフォルダに音声ファイルをアップロードしてみましょう。

「処理前」フォルダにアップロードします（画面7）。

▼**画面7　処理前フォルダに音声ファイルをアップロード**

　音声ファイルをアップロードできたら、いよいよGoogle Apps Scriptを実行してみましょう。スクリプトエディタに戻り、myFunction関数を選択して実行またはデバックをクリックします。

　いくつか権限の確認画面が出てきますので許可してください。実行後、次の画面8のような画面が表示されたら成功です。

▼**画面8　実行が完了した**

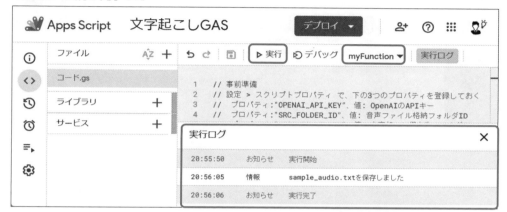

テキストファイルを
保存した旨のログが
表示されているね

「処理済み」フォルダを確認してみましょう。
　音声ファイルとテキストファイルが処理済みフォルダに入っています（画面9）。

▼**画面9　「処理済み」フォルダ**

音声ファイルと
テキストファイルの
両方が入っているよ

生成されたテキストファイルの中身も確認してみましょう。

サンプルは芥川龍之介の蜘蛛の糸の朗読音声だったのですが、しっかり文字起こしできているようです（画面10）。

▼**画面10　生成されたテキストファイル**

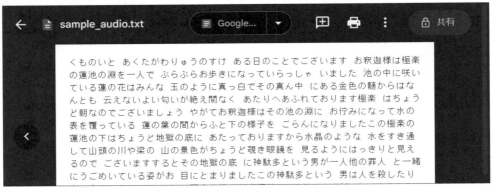

⬤ トリガーの設定

無事に実行されていることが確認できたら、定期的に実行するためにトリガーを設定してみましょう。

画面11の左側のメニューからトリガーをクリックしてトリガーの画面を開き、右下の［トリガーを追加］ボタンをクリックします。

▼**画面11　トリガーの画面から［トリガーを追加］をクリック**

1時間おきに実行するには、表1のように設定をします（画面12）。

▼表1　1時間おきに実行するためのトリガー設定

実行する関数を選択	myFunction
実行するデプロイを選択	Head
イベントのソースを選択	時間主導型
時間ベースのトリガーのタイプを選択	時間ベースのタイマー
時間の間隔を選択	1時間おき

▼画面12　1時間おきに実行するトリガー設定

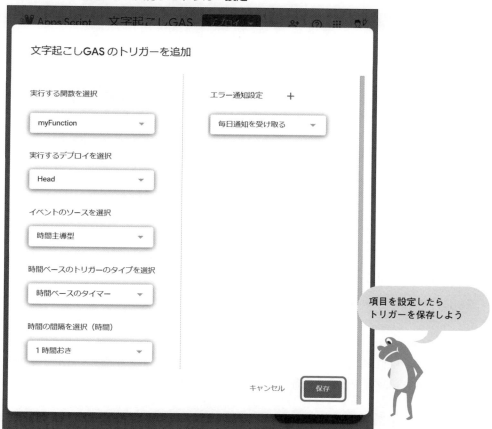

トリガーが保存されました（画面13）。

これで1時間おきに処理前フォルダを自動でチェックして、音声ファイルがあったら文字起こしします。時間の間隔は、分単位にしたり日単位にしたり、ニーズに合わせて調整してください。

▼**画面13　トリガーが保存された**

これで定期的に
自動実行されるね

コードの解説

それでは簡単にコードを解説していきます。

●myFunction関数（15〜46行目）

最初にスクリプトプロパティから値を取得しています（17〜20行目）。

27行目のwhile文は、括弧の中のfiles.hasNext()と組み合わせて、次のファイルがある限り処理を続ける繰り返し構文です。次がなくなったら終了します。詳細の説明は割愛しますが、フォルダ内のすべてのファイルを順番に処理する際によく使われる構文です。

36〜38行目では、音声ファイルのファイル名を取得して、同じ名前で拡張子だけ違うテキストファイルになるように、「.」で分割したり、拡張子をくっつけたり、という処理をしています。

41行目では、新しく作成したテキストファイルを処理済みフォルダに保存しており、あわせて44行目では、処理前フォルダにあった音声ファイルも処理済みフォルダに移動します。

音声ファイルが処理前フォルダに残っていると毎回文字起こし対象になってしまうので、1

度文字起こししたら音声ファイルを移動しています。

●transcribeFile関数（48〜75行目）

transcribeFile関数では、音声ファイルとAPIキーを引数で受け取ってWhisper APIへ音声ファイルを送ります。そしてWhisper APIから文字起こしされたテキストファイルを受け取って、そのデータを呼出し元（myFunction関数）に戻しています。

58〜65行目では、APIに送る時のオプションを設定しています。
モデルは2024年1月時点では「whisper-1」固定となっています。
「response_format」では出力するテキストファイルの形式を指定します。

プロンプトの指定については、このあとに詳しく説明します。

●プロンプトを指定する

Whisper APIでは、プロンプトを指定することができます。
Whisper APIにおけるプロンプトは、ChatGPTのプロンプトとは、少し使い方が異なります。

Whisper APIにおけるプロンプトの役割の1つは、誤認識することが多い特定の単語の修正です。会社名やサービス名など、誤認識されそうな単語を修正してくれます。
そのほか、句読点の付け方や、「えー」とか「うーん」のような不必要な言葉を省略するか否かなどについて、プロンプトに簡単な例文を提示することで、スタイルを合わせてくれます。

では、プロンプトの指定の有無で結果がどう変わるか確認してみましょう。
まずプロンプトなしで生成されたテキストがこちらです（画面14）。

▼**画面14　プロンプト指定なしで文字起こしされたテキスト**

> くものいと　あくたがわりゅうのすけ　ある日のことでございます　お釈迦様は極楽の蓮池の淵を一人で　ぶらぶらお歩きになっていらっしゃ　いました　池の中に咲いている蓮の花はみんな　玉のように真っ白でその真ん中　にある金色の髄からはなんとも　云えないよい匂いが絶え間なく　あたりへあふれております極楽　はちょうど

作品名と著者名がひらがなになっていますし、句読点が使用されていないですね。
なんとなくこのままでは文章として使いにくそうです。

次は、プロンプトを指定して文字起こしをします。
今回は、リスト2のようにコードを修正してプロンプトを指定しました。

▼**リスト2　10行目にプロンプトを入力**

```
010 : const PROMPT = "蜘蛛の糸 芥川龍之介 ある日のことでございます。お釈迦様は、
      極楽の蓮池の淵を";
```

　漢字にしてほしかった言葉をそのまま明記したのと、文章を一部抜粋し、句読点をつけました。

　プロンプト指定ありで出力されたテキストがこちらです（画面14）。

▼**画面14　プロンプトを指定して文字起こしされたテキスト**

蜘蛛の糸 芥川龍之介 ある日のことでございます。 お釈迦様は、極楽の蓮池の淵を 一人でぶらぶらお歩きになっていらっしゃいました。 池の中に咲いている蓮の花は、 みんな珠のように真っ白で、 その真ん中にある金色の蕊からは、 何とも言えない良い匂いが、 絶え間なく辺りへあふれております。 極楽は、ちょうど朝

　作品名と著者名はばっちり指定どおりになっていますね。句読点も適宜つけられています。

　このように、Whisper APIのプロンプトでは、誤りやすい言葉やスタイルをざっくり指定しておくことで、よりイメージに近いかたちで文字起こしをしてくれるので、ぜひ活用してみてください。

　但し、Whisper APIのプロンプトは224トークンまでとなっています。なるべく長文にならないように簡潔に記載しましょう。

　今回はWhisper APIだけのサンプルでしたが、例えばWhisper APIで文字起こししたテキストを、さらにChatGPT APIで要約する、といったこともGoogle Apps Scriptを使えば実現できそうです。

　いろいろカスタマイズしながら活用方法を見つけてみてください。

4-5 DALL-E APIで画像生成してみよう

DALL-E APIとは

DALL-E は、OpenAIが提供する画像生成AIです。

2023年にDALL-E 3がリリースされ、前バージョン（DALL-E 2）と比較しても品質が格段に進化しました。

APIで利用することができますが、ChatGPTの有料プランであるChatGPT Plusのユーザーはブラウザ版からもDALL-E 3による画像生成が可能になっています。チャットを使って画像生成AIを利用するだけならChatGPT Plusへのアップグレードも選択肢の1つです。

DALL-E APIは、画像1枚生成する毎にモデル、品質、画像サイズに応じた料金がかかります（表1）。

DALL-E 3 (Standard)は1ドル140円で換算すると1枚6円、10枚で56円です。他のChatGPTやWhisperと比較すると、やや割高な料金設定になっていますので、APIを使用するときは使いすぎに注意しましょう。

▼表1　DALL-E API　1枚あたりの利用料（2024年1月時点）

モデル	画像サイズ	料金
DALL-E 3 (Standard)	1024×1024	$0.040
DALL-E 3 (HD)	1024×1024	$0.080
DALL-E 2	1024×1024	$0.020

実現したいこと

今回は、GoogleスライドでDALL-E APIを使用して、スライドにたった2クリックで挿絵を挿入する機能をつくります（図1）。

プレゼン資料はビジュアルが重要です。しかし、スライドに合う画像を自力で探すのはなかなか大変ですよね。

今回のサンプルコードでは、スライドに記載された言葉からAIがイメージに合う画像を生成してくれます。DALL-E APIを利用したコードの書き方などぜひ参考にしていただければ幸いです。

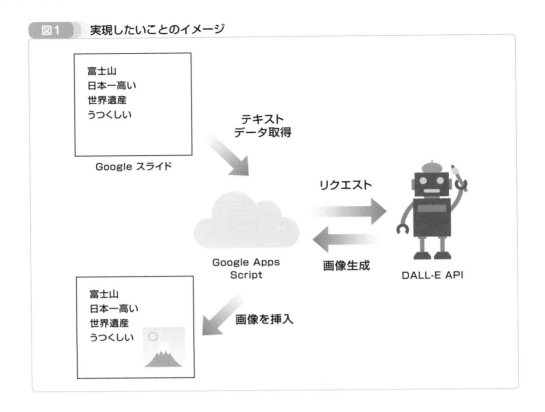

図1 実現したいことのイメージ

事前準備

まずはプレゼン資料を準備しましょう。Googleドライブを開いて左上の［新規］ボタンから Google スライドを作成します（画面1）。

なお、すでに作成済みの Google スライドがあればそちらでも大丈夫です。

▼**画面1 Google ドライブから Google スライドを作成**

Googleスライドを作成したら、1ページでよいですので簡単なプレゼン資料を作成してみましょう。テーマは何でもよいので、いくつか言葉や文章を入力してみましょう。

今回は、著者がドクターメイトという医療介護系のスタートアップ企業の立上げに関わっていたので、日本の少子高齢化問題をテーマにしたスライドをつくってみました（画面2）。

▼**画面2　作成したGoogleスライドの資料**

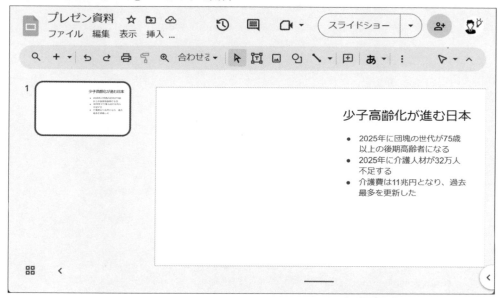

スライドに文字だけ入力して画像が入るスペースを空けてあるよ

それでは、「拡張機能」メニューから、「Apps Script」をクリックし、コンテナバインド型のGoogle Apps Scriptを作成しましょう（画面3）。

▼**画面3　「拡張機能」メニューから、「Apps Script」をクリック**

さっそくGoogle Apps Scriptをつくっていくよ

● サンプルコード

Google Apps Scriptが作成されたらスクリプトエディタに次のリスト1のコードをコピーして貼り付けてください。

▼リスト1 サンプルコード

```
001: // 事前準備
002: // 設定 > スクリプトプロパティ で、下のプロパティを登録しておく
003: // プロパティ:"OPENAI_API_KEY"、値: OpenAIのAPIキー
004:
005: // Googleスライドを開いたときにメニューを追加する関数
006: function onOpen() {
007:   // Uiオブジェクトを取得
008:   const ui = SlidesApp.getUi();
009:   // AIメニューを作成
010:   const menu = ui.createMenu('AI');
011:   // メニューに項目を追加し、関数を指定
012:   menu.addItem('このスライドに画像を挿入する', 'myFunction');
013:   // 画面に作成したメニューを追加
014:   menu.addToUi();
015: }
016: // メインの関数（メニューから実行される関数）
017: function myFunction() {
018:   // 現在選択されているスライドを取得
019:   const slide = SlidesApp.getActivePresentation().getSelection().
     getCurrentPage();
020:   // スライド内のすべてのページ要素を取得
021:   const pageElements = slide.getPageElements();
022:   const array = []; // 配列を初期化
023:   // ページ要素を1つずつ繰り返し処理
024:   for (let pageElement of pageElements) {
025:     // ページ要素がテキストボックスならテキストを配列に追加
026:     if (pageElement.getPageElementType() === SlidesApp.
     PageElementType.SHAPE) {
027:       const shape = pageElement.asShape();
028:       if (shape.getShapeType() === SlidesApp.ShapeType.TEXT_BOX) {
029:         const text = shape.getText().asString();
030:         array.push(text); //配列に追加
031:       }
032:     }
033:   }
```

```
034:    // プロンプトを作成
035:    const prompt = "顧客向けの提案資料を作成します。以下の文が記載されたスラ
        イドに適する、質の高い挿絵を作成してください。:" + array.join(); // 配列の
        文字列をカンマで結合
036:    // 画像を生成
037:    const imageBlob = generateImage(prompt);
038:    // 画像をスライドに挿入
039:    if (imageBlob) slide.insertImage(imageBlob);
040: }
041: // 画像生成する関数
042: function generateImage(prompt) {
043:    //スクリプトプロパティに設定したOpenAIのAPIキーを取得
044:    const OPENAI_API_KEY = PropertiesService.getScriptProperties().
        getProperty("OPENAI_API_KEY");
045:    //画像生成AIのAPIのエンドポイント
046:    const url = 'https://api.openai.com/v1/images/generations';
047:    //OpenAIのAPIリクエストヘッダー
048:    let headers = {
049:      'Authorization': 'Bearer ' + OPENAI_API_KEY,
050:      'Content-type': 'application/json',
051:    };
052:    //画像生成の枚数とサイズ、プロンプトを設定
053:    let options = {
054:      'muteHttpExceptions': true,
055:      'headers': headers,
056:      'method': 'POST',
057:      'payload': JSON.stringify({
058:        'model': "dall-e-3",
059:        'prompt': prompt,
060:        'size': '1024x1024',
061:        'quality': "standard",
062:        'n': 1,
063:      })
064:    };
065:    try {
066:      // APIリクエストを送って生成された画像のURLを取得
067:      const json = UrlFetchApp.fetch(url, options).getContentText();
068:      const response = JSON.parse(json);
069:      if (response.error) {
070:        SlidesApp.getUi().alert(response.error.message);
071:        return false;
```

```
072 :        }
073 :        // 画像のURLから画像データを取得
074 :        const image = UrlFetchApp.fetch(response.data[0].url);
075 :        return image.getBlob();
076 :    } catch (e) {
077 :        SlidesApp.getUi().alert.alert(e.message);
078 :        return false;
079 :    }
080 : }
```

初期設定

　コードを保存したら、「プロジェクトの設定」にある「スクリプトプロパティ」を編集します。プロパティに「OPENAI_API_KEY」、値には4-1節で生成したAPIキーを入力して保存してください（画面4）。

▼**画面4　スクリプトプロパティにAPIキーを保存**

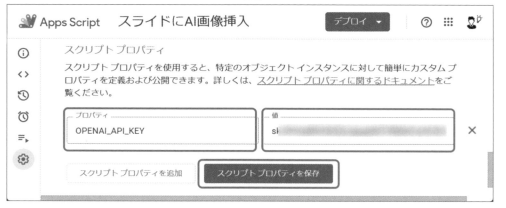

[スクリプトプロパティを編集]ボタンからプロパティと値を入力して保存しよう

テスト実行する

スクリプトプロパティの設定ができたらスクリプトエディタに戻って実行してみましょう。「実行する関数を選択」プルダウンから「myFunction」を選択して実行またはデバッグをクリックします。

初回の実行時に許可を確認する画面が表示されます。[許可を確認]ボタンをクリックします。

「アカウントの選択」画面ではGoogleアカウントを選択。

「このアプリは確認されていません」の画面では、左下の「詳細」をクリックし、下に表示される「<プロジェクト名>（安全ではないページ）に移動」をクリック。

「<プロジェクト名>がGoogleアカウントへのアクセスをリクエストしています」の画面では右下の[許可]ボタンをクリックします。

無事に実行が完了したら、Googleスライドに戻ってみてください。
画像が挿入されていたら成功です。

ちなみに、今回生成された画像はこちらです（画面5）。

▼**画面5　生成された画像が挿入されたスライド**

思った以上にいい感じではないでしょうか。小さく書かれた英語をよく見ると「あれ？」という部分もありますが、イラストとしては十分な気がしますね。

Googleスライドのメニューから実行する

これで終わりではありません。

今回は、スクリプトエディタを開かなくても、Googleスライドから実行できるようにしてあります。

Googleスライドの上部にあるメニューをご確認ください。

「AI」というメニューと、「このスライドに画像を挿入する」という選択肢が追加されています（画面6）。

こちらのメニューをクリックすれば、myFunction関数が実行されて、どのスライドでも、何回でも画像が生成できます。

気に入らなかったからもう一回生成したい、他のスライドでも生成したい、という時にも、こちらのメニューから簡単に生成できます。

▼**画面6 「AI」メニューと「このスライドに画像を挿入する」が追加された**

スライドから簡単に実行できるね

コードの解説

それでは、簡単にコードの説明をしていきます。

onOpen関数

onOpen関数は、ユーザーが編集権限を持つスプレッドシート、ドキュメント、プレゼンテーション、またはフォームを開いたときに自動的に実行されます。この関数の中で、カスタムメニューを追加する命令文を入れています。メニューやアイテムの名前、クリックしたときに実行する関数を設定できます。

myFunction関数

この関数では、まず現在選択されているスライドを取得（19行目）して、さらにそのスライド内にあるテキストボックスから文字列を集めて配列arrayに追加します（20～33行目）。

　次に、35行目で予め用意したプロンプトとスライドから集めた文字列を結合して、1つのプロンプトにしています。

　最後に、37行目でプロンプトをgenerateImage関数に渡し、生成された画像を39行目でスライドに挿入しています。

●generateImage関数

　この関数では、プロンプトを引数で受け取り、APIにリクエストを投げてAPIから生成された画像を受け取り、呼出し元の関数（myFunction関数）に画像データを返しています。

　57～63行目で生成する画像の設定をしています。サンプルコードではモデルを「dall-e-3」にしていますが、「dall-e-2」に変更も可能です。

　サイズは「1024 x 1024」で標準品質（standard）にしています。公式ドキュメントによると、正方形の標準品質の画像が最も速く生成されるようです。

　なお、「n」というパラメーターは、同時に生成する枚数ですが、DALL-E 3は1枚までとなっており、DALL-E 2では最大10枚までリクエストできます。今回のコードは1枚のみ生成する前提で作成しています。

　65行目以降でAPIにリクエストをしていますが、DALL-Eの場合、67行目と74行目に計2回リクエストしています。

　最初のリクエスト（67行目）では、DALL-E APIが生成した画像のURLが返ってきます。そのURLに対して2回目（74行目）のリクエストを送り、画像データを取得しています。

　今回はGoogleスライドにDALL-Eで生成した画像を挿入するサンプルを作成しましたが、すでにMicrosoft 365 CopilotでPowerPointに対する同様の機能の提供が発表されています。

　GoogleでもアプリケーションとAIの統合が進んでいきそうですし、どんな進化が待っているか、その時に私たちはどんな働き方ができるのか、未来が楽しみですね。

おわりに

　拙著「Google Apps Scriptのツボとコツがゼッタイにわかる本」の発売から3年が経過しました。Google Apps Scriptのスクリプトエディタが大きく進化しただけでなく、ChatGPTの登場によってプログラミングの手法が大転換点を迎えていたため、これを機にChatGPTとGoogle Apps Scriptの本を執筆することとなりました。

　ChatGPTとGoogle Apps Scriptは、これからプログラミングを始めよう、という初心者にとって、最強に相性のよい組み合わせです。このことをより多くの方に伝えるために、とてもよい機会をいただくことができました。

　筆者はドクターメイトという企業で介護業界にも関わっていますが、人口が減少し、全国民の約3割が65歳以上となった日本において、1人ひとりの生産性を上げることはやはりとても重要です。本書をきっかけにより多くの人や企業でGoogle Apps Scriptによる業務効率化・自動化が進み、少しでも日本のGDPに貢献できればと願っています。

　著者はこれまで2社のIT系のスタートアップに創業期から参画し事業を立ち上げてきました。IT系のスタートアップ企業はエンジニアが必須といわれますが、2社目のスタートアップでは、エンジニアがいないまま、ほぼGoogle Apps Scriptだけで億単位の売上にまで成長させることができました。Google Apps Scriptなら1人でもプロトタイプを作成し、検証と改善を高速に繰り返すことができます。事業立上げの段階で開発にコストをかけすぎないことは資金の限られるスタートアップにとって、生死をわけるくらいに重要です。

　このように、プログラミング経験がなくても、資金がなくても、簡単なシステムを構築し、業務を効率化・自動化する環境が整いつつあります。本書をきっかけに読者の方が各々に仕事の効率化や自動化、新サービスの立上げを行っていただき、新しい挑戦に一歩踏み出すための力になれば嬉しいです。

　最後になりますが、共働きで3人の子育てをしながらも協力しくれた家族、そして今回の機会をいただき、出版まで支えていただいた編集部の皆さんに心から感謝します。

索　引

永妻　寛哲（ながつま　ひろのり）

ワークスタイルコンサルティング合同会社代表、Studioそとカメラマン、ながつま商店店長。
千葉県松戸市出身。立教大学経済学部卒。

小学生の時から独学でウェブサイトを運営し、JavaScriptのゲームを公開。インターネット黎明期に夏休みの宿題として提出し先生を困惑させる。新卒で入ったカード会社では、コールセンターの研修担当として、親と同世代のオペレーターさんに揉まれながら「知識ゼロでもわかる教え方」の修練を積む。アソビュー株式会社で最初のスタートアップ企業の立上げを経験。多くのIT・クラウドサービスに触れる中で、「ITやクラウドを広めて日本のGDPを上げたい」と思い、2017年に独立、起業。

2018年介護施設に医療DXを提供するドクターメイト株式会社に参画。エンジニア不在のままローコード、ノーコードツールを駆使してシステムを構築し、億単位の売上に成長。

「Studioそと」では野外撮影専門カメラマンとして活動。（ https://studio-soto.com ）
「ながつま商店」では職人手作りの革製品をAmazonで販売中。（ https://nagatsuma-shoten.com ）
また、「コンサルママとノマドパパ」（ブログ・YouTube）を運営し、共働き夫婦が仕事や子育てを楽しくするモノ・コトを発信している。（ https://life89.jp/ ）

note - https://note.com/nagatsuma
x - https://twitter.com/nagatsma
YouTube - https://www.youtube.com/@yurugas

カバーデザイン・イラスト　mammoth.

Google Apps Script × ChatGPT
（グーグル　アップス　スクリプト）（チャットジーピーティー）
のツボとコツがゼッタイにわかる本（ほん）

発行日　2024年　3月25日　　　　第1版第1刷

著　者　永妻　寛哲
　　　　（ながつま）（ひろのり）

発行者　斉藤　和邦
発行所　株式会社　秀和システム
　　　　〒135-0016
　　　　東京都江東区東陽2-4-2　新宮ビル2F
　　　　Tel 03-6264-3105（販売）Fax 03-6264-3094
印刷所　三松堂印刷株式会社

©2024 Hironori Nagatsuma　　　　　Printed in Japan

ISBN978-4-7980-7131-2 C3055